PETER PLICHTA

DAS

PRIM ┼ ZAHL

KREUZ

II

Quadropol Verlag
Düsseldorf
1991

Alleinige Verantwortung für den Inhalt:

Dr. Peter Plichta

Wissenschaftliche Mitarbeit:

Christina Burckhart, Ärztin

Michael Felten, Dr. rer. nat. Dipl. Math.

Johannes Heinrichs, Dr. phil. habil. et Dipl. Theol.

2. korrigierte und erweiterte Auflage

Copyright © 1991 by The 4P Space Company

Quadropol Verlag und Patentverwertung GmbH

Düsseldorf

ISBN 3-9802808-1-0

Satz: Felten und Plichta mit T_EX

Satzbelichtung: Gesycom mbH Aachen

und Dipl. Ing. Thomas Eickels

Druck: Kossuth Druckerei AG

Printed in Hungary

Band II

Das Unendliche

Verlorenes Ich, zersprengt von Stratosphären,
Opfer des Ion —: Gamma-Strahlen-Lamm —,
Teilchen und Feld —, Unendlichkeitschimären
auf deinem grauen Stein von Notre-Dame.

Die Tage geh'n dir ohne Nacht und Morgen,
die Jahre halten ohne Schnee und Frucht
bedrohend das Unendliche verborgen —,
die Welt als Flucht.

Wo endest du, wo lagerst du, wo breiten
sich deine Sphären an —, Verlust, Gewinn —,
ein Spiel von Bestien: Ewigkeiten,
an ihren Gittern fliehst du hin.

(...)

Die Welt zerdacht. Und Raum und Zeiten
und was die Menschheit wob und wog,
Funktion nur von Unendlichkeiten —,
die Mythe log.

(...)

Gottfried Benn 1943
zu den nihilistischen Konsequenzen
zeitgenössischer Naturwissenschaft

INHALT DES ZWEITEN BANDES

Viertes Buch: Raum - Zeit - Zahlen und Eins

TEIL 1: DER PRIMZAHLRAUM

TEIL 2: DER REZIPROKE ZAHLENRAUM

Viertes Buch

1985 – 1991
Raum - Zeit - Zahlen und Eins

TEIL 1: DER PRIMZAHLRAUM

Die Naturkonstanten:

Die Eulersche Zahl e

Die Kreiszahl π

Die imaginäre Zahl i

Die Lichtgeschwindigkeit c

Der Kerndrehimpuls $h/4\pi$

Kapitel 1

Kernchemie

Troja. Im Februar 1985 ist die erste Fassung des ersten Bandes in drei Büchern abgeschlossen. Wir haben damals noch keine Ahnung davon, daß wir erst 1989 mit der Erstfassung eines vierten Buches beginnen werden. Dieses soll nur noch wenig autobiographisch geprägt sein. Es soll vielmehr der Untersuchung der vierdimensionalen Mathematik dienen. Dazu ist es notwendig, zahlentheoretisch auf den Gedanken von C. F. Gauß aufzubauen, die Ergebnisse mit den naturwissenschaftlichen und philosophischen Strukturen dieser Welt zu vergleichen und ständig abwechselnd den umgekehrten Weg von der Empirie zur Mathematik zu gehen. Dieser Entwurf wird dreimal komplett neugeschrieben werden, bis sich daraus der vorliegende zweite Band entwickelt hat. Ob es einen dritten Band mit Problemen der Raketen-Ingenieurkünste oder der Naturphilosophie geben wird, ist ungewiß.

Nach Abschluß des ersten Bandes beginne ich damit, Reisevorbereitungen zu treffen und das Wohnmobil auszustatten.

"Und, wo fahren wir hin?" fragt Christina neugierig.

"Rat doch mal! Wohin sind denn die Menschen früher gefahren, wenn entsetzliche Mühen hinter ihnen lagen oder wenn sie Kraft schöpfen wollten für eine große Aufgabe, die vor ihnen lag?"

"Etwa ins Heilige Land?"

"Ja, wir werden nach Jerusalem fahren, aber auch zwei Orte besuchen, die ich immer schon einmal kennenlernen wollte: Ithaka und Troja. Odysseus, der Listenreiche, war es, der Troja, die uneinnehmbare Festung, eroberte. Die Griechen hatten längst verloren. Hätte er zu Beginn des Krieges den Vorschlag gemacht, das große Pferd zu bauen, die Menge der Schreihälse und Prahler hätte ihn ausgelacht. Auch auf dem Weg nach Hause hätte jeder andere aufgegeben. Den Gott Poseidon kann kein Sterblicher überlisten. Dennoch kam der Tag, an dem der Pfeil durch die Öhren der zwölf hintereinander eingeschlagenen, von ihren Stielen befreiten Äxte schoß."

In Troja haben die Türken am Eingang zu den Ausgrabungsstätten ein riesengroßes hölzernes Pferd aufgestellt. Ich umarme eines seiner Beine und lache:

"Mein Gott, das ist ja mein Bruder! Mein Bruder ist das trojanische Pferd!" rufe ich mehrere Male.

Wie lange ist es her, daß ich zu meinem Vater gesagt habe: "Mich nähmen die nie. Aber der Paul wird das trojanische Pferd sein. Und in dem Pferd, da werde ich sitzen."

Wir haben das Manuskript auf unserer Reise dabei. Ich trage es bei mir, als wir in Jerusalem die Grabeskirche betreten. Christina und ich sind beide schon vor langer Zeit aus der katholischen Kirche ausgetreten. Doch dieser Protest hat nichts zu tun mit der festen Überzeugung, daß das Abendland, daß die ganze Welt jenen drei Kreuzen auf Golgatha vieles verdankt.

Ich trage sie bei mir, die drei Kreuze, aus denen das Primzahlkreuz besteht. Drei Kreuze, die sich aus drei Sorten von Zahlen zusammensetzen. Hat nicht vor mir schon einmal ein Reisender am Ende seines Weges, der ihn durch Hölle und Fegefeuer ins Paradies führte, von Gott nicht mehr schauen können als das, wozu wir Menschen in der Lage sind[1]?

In dieser tiefen, klaren Wesenheit
des hohen Lichts erschienen mir drei Kreise
von dreien Farben und von einem Umfang.

Codezahlen. Das Buch wird nach der Rückkehr ein zweites Mal von Hand geschrieben. In den Pausen versuche ich, Ideen zu finden, die mir weiterhelfen können. Im Sommer 1985 mache ich eine merkwürdige Entdeckung. Bei der Beschäftigung mit Tabelle 3 (Band I) stoße ich auf die Frage, ob die Reihenfolge jener Zahlen

$$4 \quad 2 \quad 6 \quad 3$$

von Bedeutung ist. Mir war ja schon viele Jahre bekannt, daß das Element mit der Ordnungszahl 4 ein Reinisotop ist und daß es 19 weitere Reinisotope gibt, deren Elementnummern alle ungeradzahlig sind. Als ich dahinterkam, daß es bei den Doppelisotopen das gleiche Gesetz gibt — nämlich Helium mit der Ordnungszahl 2 und neunzehn Doppelisotope mit ungeraden Ordnungszahlen —, galt es nur noch, die Elemente mit gerader Ordnungszahl ebenfalls auf eine 1- und 19-Sequenz zu untersuchen. Darüber nachzudenken, warum gerade die Zahlen $4, 2, 6, 3$ in der 1- und 19-Sequenz die Aufgabe der Eins erfüllen, war hoffnungslos.

81 Elemente treten in Neunzehner-Kolonnen auf. Ihre Ordnung ergibt sich aus der Teilbarkeit. Das Verhältnis von 81 : 19 liefert folgenden Dezimalbruch

$$\frac{81}{19} = 4,263\ldots$$

---

[1] Dante Alighieri: Die göttliche Komödie, Gesang 33.

Als ich verblüfft feststellte, daß der Dezimalbruch gerade mit jenen vier Ziffern anfängt, die über den Neunzehner-Kolonnen stehen, begann ich, die Sache zu untersuchen.

Ein mathematisches System, das aus 81 numerierten Bausteinen besteht, ist zahlentheoretisch etwas Einzigartiges. Weil

$$1 : 81 = 0,0123456789(10)(11)(12)\ldots = 0,0123456790123\ldots$$

gilt, folgt

$$2 : 81 = 0,02468(10)(12)\ldots = 0,0246913\ldots$$

und

$$3 : 81 = 0,0369(12)(15)\ldots = 0,0370370\ldots$$

Teilt man die Zahlen $4, 5, 6, 7, 8, 9, 10, 11, \ldots$ nach dem gleichen Schema durch 81, zeigt sich, daß nach insgesamt neunzehn Schritten eine Wiederholung eintritt. Es ist[1]

$$19 : 81 = 0,0(19)(38)(57)(76)\ldots = 0,23456\ldots$$

Dann gilt

$$20 : 81 = 0,2468(10)\ldots = 0,246913\ldots$$

und

$$38 : 81 = 0,468(10)\ldots = 0,469135\ldots$$

Damit gilt für ein System aus einundachtzig Bausteinen, daß es im Dezimalsystem in

19

Schritte eingeteilt ist. Der Rest ist Wiederholung. Als nächstes untersuche ich die Zahlen von 1 bis 19, indem ich sie zusammenzähle:

$$1 + 2 + 3 + 4 + 5 + 6 + \ldots + 19 = 190$$

---

[1] Die folgende Rechnung zeigt, daß hier wirklich nur dezimal addiert zu werden braucht. $19 : 81 = 0,19$
$$\begin{array}{r} 38 \\ 57 \\ 76 \\ 95 \\ 114 \\ \vdots \text{ usw.} \\ \hline 0,23456\ldots \end{array}$$

Bisher hat sich sicherlich niemand dafür interessiert, daß es nur eine einzige Anzahl geordneter Zahlen gibt, die miteinander addiert gerade das Zehnfache der Anzahl ergeben. 190 ist

$$10 \cdot 19$$

Zahlentheoretisch ist sehr interessant, daß die Summe der Zahlen 21 bis 39 den Wert $3 \cdot 190$ ergibt. Die Summe der Zahlen 41 bis 59 beträgt $5 \cdot 190$. Die Summe der zehn ungeraden Zahlen

$$1, 3, 5, 7, \ldots, 19$$

liefert die Summe 100. Die letzte dieser Zahlen ist die

$$19$$

Hier liegt der Schlüssel zu der von mir vermuteten Dezimalstruktur des vierdimensionalen Raumes.

Dezimale Ordnung. Der Kehrwert von 81 zeigt eben nicht nur eine interessante Dezimalzahl für die Kuriositätenkiste der Mathematik, sondern

$$0123456\ldots$$

ist ja gerade die Ordnung der Zahlen, welche die Grundlage der Mathematik bildet. Man braucht für diese Ordnung nur eine Zahl, nämlich die

$$1$$

Alle weiteren Zahlen werden durch Hinzufügen weiterer Einsen erzeugt. In der Tat fragen sich die Mathematiker grundsätzlich nicht, woher sie die Folge der natürlichen Zahlen überhaupt nehmen. Sie erdenken sich die Zahlen. Folglich kann es für sie die Zahlen an sich auch nicht geben. Daß sie gerade die Ordnung $0, 1, 2, 3, \ldots$ wählen und nicht irgendeine andere Ordnung, fällt ihnen nicht auf. Im ersten Schuljahr der Grundschule lernt der Schüler, daß es heißt: $1, 2, 3, \ldots$ — und damit ist die scheinbare Selbstverständlichkeit vergessen, daß in dieser Reihenfolge bereits eine Ordnung liegt. Es ist sogar die Frage sinnvoll, ob diese Ordnung bereits mit einem System verknüpft ist.

Aus der heutigen Mathematik heraus wäre diese Frage nicht zu beantworten, weil ein bestimmtes System, das Dezimalsystem, als willkürlich und austauschbar erscheint. Wohl wäre eine Vorzugsstellung des Dezimalsystems aus der Chemie heraus begründbar. Die Grundbausteine der Materie, die Elemente, verlaufen über die Ordnungszahlen $1, 2, 3, \ldots$, und das Verhältnis der Anzahl 81 der stabilen Elemente zur Isotopen-Codezahl 19 liefert einen dezimalen Wert von der Ordnung $4, 263 \ldots$ Der Kehrwert dieser Zahl beträgt

$$0, 2345 \ldots$$

Die Ziffernordnung dieser Dezimalzahl entspricht der Folge der natürlichen Zahlen. Wenn der Raum tatsächlich dezimal angelegt ist, dann ist es in der Tat nicht abwegig zu vermuten, daß der Aufbau der Materie, nämlich das System der Elemente und ihre Auffächerung in Isotope, auch in einem Rechensystem angelegt ist. Da Materie den Raum ausfüllt wie der Schlüssel das Schloß, müßte dieses Rechensystem das Dezimalsystem sein.

Bei einer Dezimalzahl wird von links nach rechts beim Wechsel zur nächsten Ziffer jeweils durch 10 geteilt. Die bloße Ordnung der natürlichen Zahlen ohne Änderung des Stellenwertes der Ziffern soll deswegen als Folge von Unomalzahlen durch

$$U01234 \ldots$$

bezeichnet werden. Um diese Ordnung vom gewohnten Dezimalsystem zu unterscheiden, führen wir

$$D01234 \ldots$$

zur Kennzeichnung der dezimalen Stellenwertordnung ein. Die Zahlen auf dem Primzahlkreuz sind Unomalzahlen. Da diese Zahlen sich alle von nur insgesamt **drei** Zahlen ableiten (von den Zahlen 1, 2 und 3), können die Unomalzahlen nicht ohne weiteres für die Ordnungszahlen der Elemente in Frage kommen. Denn die Aufteilung in Neunzehner-Kolonnen zeigt, daß die chemischen Elemente sich von **vier** Grundzahlen ableiten. Es gibt aber **eine** Ordnung von Zahlen, die sich in vier Grundzahlen zerlegen läßt. Das ist die dezimale Ordnung des Kehrwertes von 81:

$$D0012345 \ldots$$

Diese Folge läßt sich zerlegen in die Folge der geraden Zahlen

$$0 \quad 2 \quad 4 \quad 6 \ldots$$

und in die der ungeraden Zahlen

$$0 \quad 1 \quad 3 \quad 5 \quad 7 \ldots$$

Die Folge der geraden Zahlen läßt sich nochmals aufspalten in eine Folge durch zwei teilbarer und eine Folge durch vier teilbarer Zahlen. Ebenso lassen sich die ungeraden Zahlen in teilbare ungerade Zahlen und ungerade Primzahlen zerlegen. Genau das habe ich in Tabelle 3 mit den stabilen Elementen des Periodensystems gemacht. Die Vermutung liegt nahe, daß die Anzahl 81 der stabilen Elemente (vgl. Band I, Kapitel 3: Tabelle der 81 stabilen Elemente) mathematisch mit ihrem Kehrwert gerade so verknüpft ist, daß sie eine Ordnung fortlaufender Zahlen bildet, die unendlich ist: 0012345... Gleichwohl gilt für die 81 Zahlen in dieser Ordnung eine Vierfachstruktur (vgl. Band I, Kapitel 32, Tabelle 3). Neu an der Vorstellung von Ordnungszahlen für die Elemente ist, daß die einzelnen Zahlen keine bloßen Unomalzahlen mehr sind, sondern von dezimaler Art, wie es für unsere Vorstellung fremd erscheint. Der Vorteil dieses neuen Gedankens besteht darin, daß nun die Materie genauso angelegt ist wie der Raum, den sie "füllt", nämlich dezimal. Ich breche diesen Gedanken erst einmal ab und wende mich der Frage zu: Warum existieren die stabilen Elemente ausgerechnet in zehn Isotopensorten?

Das Isotopenproblem. Bei der Untersuchung der dreimal 19 teilbaren Ordnungszahlen in Tabelle 3 rechne ich die Anzahl der Isotope aus. Es sind

$$243$$

Isotope. Die 57 Elemente werden zu 243 Isotopen erweitert. Das Verhältnis 243 : 57 ist

$$4,263\ldots$$

Das heißt aber nichts anderes, als daß

$$3 \cdot 19$$

Elemente zu

$$3 \cdot 81$$

Isotopen erweitert werden.

Ein Jahr lang denke ich darüber nach, warum drei 19er-Kolonnen mit teilbaren Ordnungszahlen zu Isotopenhäufigkeiten zwischen eins und zehn erweitert werden. Schließlich gelingt mir aus einer Ahnung heraus eine wunderbare Entdeckung: Hinter dem Wesen der Isotopie steht das Neutron, das im Gegensatz zu Proton und Elektron elektrisch neutral ist. Sollte die Isotopie ein zahlentheoretisches Phänomen sein, müßte dahinter eine neutrale Zahl stehen. Wir kennen nur gerade und ungerade Zahlen, so wie es in der Physik nur positive und negative Ladungen gibt. Eine Zahl, die gleichzeitig gerade und ungerade ist, scheint die Logik auszuschließen. Wenn aber diese Logik zu kurz greifen würde? Eine Rechenaufgabe $5 + 7 = 12$ kann nicht falsch sein. Hingegen kann die Behauptung: "Eine Zahl kann nicht gleichzeitig gerade und ungerade sein", falsch sein, falls es doch eine solche gibt. Eine Zahl würde reichen.

Ich nehme die Zahl, die als einzige in Frage kommt für die Untersuchung, ob sie gleichzeitig gerade und ungerade ist, ob sie der Hintergrund für die Neutralität sein kann, die Zahl

19

Diese Zahl ist eine ungerade Primzahl. Da alles in seiner Seinskonstitution dreifach ist, dürften die Elemente eigentlich nicht in vier Neunzehner-Kolonnen auftreten. Durch Herausnahme der Primzahlen werden die Kolonnen zu etwas

3 und 1

-fachem umgewandelt. Trotzdem bleibt etwas Vierfaches erhalten. In jeder Kolonne steckt die Anzahl 19. Somit tritt die Zahl 19 als Codierungszahl der chemischen Elemente viermal auf. In einer Welt, in der alles dreifach ist, muß gerade deswegen, weil der 81-teilige Bauplan das zahlentheoretisch verlangt, eine einzige codierende Zahl in ihrer Wirkung vierfach sein: die Zahl

19

Eine neutrale Zahl. Wenn wir also die Zahl 19 als Codierungszahl betrachten, kommt sie in ihrer Funktion in vierfacher Weise in Betracht. In dieser Hinsicht wirkt sie wie eine gerade Zahl. Gleichzeitig besitzt die Zahl 19 als bloße Zahl wie jede andere Zahl eine Zugehörigkeit zu der Entscheidung "gerade oder ungerade". Von ihrer Seinsform ist sie ungerade, in Hinblick auf ihre Wirkung oder Funktion eine gerade Zahl. Dieser Widerspruch hebt sich dann auf, wenn die Vorstellung einer Zugehörigkeit zu "gerade oder ungerade" gänzlich aufgegeben wird und eine dritte neutrale Zugehörigkeit zugelassen wird. Eine Zahl, die sowohl gerade als auch ungerade ist, nenne ich **neutral**. Es ist in der Tat für Chemiker und Physiker ein tiefes Geheimnis, daß Neutronen nur im Atomkern stabil sind wie die Protonen. Außerhalb der Atomkerne zerfallen Neutronen nach einigen Minuten in Protonen und Elektronen. Die Neutronen können nicht ohne das mathematische Gefüge, das die 19er-Codierung darstellt, existieren. Dieser ihr funktionaler Charakter entspricht der Funktionalität der Zahl 19 als Codierungszahl. Philosophisch gesprochen, stellt eine codierende Zahl eine Meta-Zahl in bezug auf die normalen Zahlen dar. Dieser Meta-Charakter ist der Grund, weshalb sie die Alternative "gerade oder ungerade Zahl" verläßt.

So klärt sich auch die Frage, warum das Element Kalium als einziges ungeradzahliges Element mehr als zwei Isotope besitzen muß, sich also kernchemisch wie ein Element mit gerader Ordnungszahl verhält.

Die zwei fehlenden Elemente. Wenn mein Gedanke richtig ist, müßte der rätselhafte Aufbau der Atomkerne, der Einbau von immer mehr Neutronen bei Kernen höherer Ordnungszahl, erklärbar werden. Es müßte sogar möglich sein, durch eine einzige Zahl, durch die

19

eine Antwort auf die Frage zu geben: Warum fehlen im Periodensystem der stabilen Elemente ausgerechnet die beiden Elemente mit den primzahligen Ordnungzahlen

43 und 61

Wenn diese Antwort möglich ist, steckt hinter der Kernchemie nichts als ein zahlentheoretisches Problem, das nunmehr weiter zu lösen ist.

Solange das Fehlen der Elemente 43 und 61 niemanden auf der Welt beunruhigte, schlug nie jemand eine Erklärung dafür vor. Die Wissenschaften Chemie und Physik besitzen einige ungeklärte Fragen von so fundamentaler Art, daß sie nicht nur den Studierenden und den Lehrern ständig vor Augen stehen sollten, sondern Gegenstand einer ununterbrochenen Diskussion sein müßten. Sie sind so einfach, daß schon in der Mittelstufe des Gymnasiums diese Fragen behandelt werden müßten. Aber in einer Zeit, in der sich die Wissenschaftler vermehrt haben wie Mäuse in einem gefüllten Kornspeicher, kennt kaum einer die wirklichen Probleme.

Nachdem alle stabilen Elemente entdeckt und all diese Elemente massenspektrographisch quantitativ untersucht waren, blieben für die damaligen Forscher zwei auffällige Übereinstimmungen. Bis zum Element 20, Calcium, sind alle Elemente Hauptgruppenelemente. Nacheinander werden die Elektronen auf den Schalen besetzt, so daß sich auf der ersten Schale zwei Elektronen befinden, auf der zweiten und dritten Schale jeweils 8. Auf der vierten Schale befinden sich zwei Elektronen. Das Element Calcium reagiert chemisch zweiwertig, weil es diese beiden Elektronen abgeben kann. Das Element 21, Scandium, müßte nach den Gesetzen der hinter ihm liegenden Elemente auf seiner vierten Schale drei Elektronen besitzen. Aber die zehn Elemente zwischen den Ordnungszahlen 21 und 30 bauen aus einem uns unbekannten Grund ihre zusätzlichen Elektronen auf andere Art ein. Nicht die vierte Schale wird weiter ausgebaut, sondern die dritte von 8 auf 18 Elektronen erweitert. Erst dann werden weitere Hauptgruppenelemente gebildet, während mit dem Element 21 die Nebengruppenelemente beginnen.

Neutronenerweiterungszahlen. Weiß das ein Chemiestudent im Vordiplom nicht, fällt er durch. So wichtig ist das für die Chemie. Ein Physikstudent wird in der Regel von seinem Prüfer nicht über Haupt- und Nebengruppenelemente befragt. Aber auch für ihn ist das Element 21, das Scandium, von entscheidender Wichtigkeit. Die Atomkerne werden von Element 1 bis zu Element 20 nach bestimmten Gesetzmäßigkeiten aus Neutronen und Protonen gebildet. Gäbe es jedes Element nur einmal und nicht aus einem geheimnisvollen Grunde die Isotopie, dann besäße vielleicht das Element 5, Bor, fünf Protonen und fünf Neutronen im Kern. In der Tat gibt es ein solches Bor-Isotop. Doch es gibt auch noch ein Geschwister, nämlich ein Boratom mit sechs Neutronen. Dieses zusätzliche Neutron, dieses eine Neutron, das der Kern mehr hat, werde ich im folgenden als Zusatz-Neutron bezeichnen und die wechselnde Anzahl solcher Zusatzneutronen mit dem Begriff "Neutronen-Erweiterungszahl" beschreiben. Das Element Scandium ist ein ungeradzahliges Element. Ich konnte nachweisen, daß ungeradzahlige Elemente entweder Rein- oder Doppelisotope sind. Scandium ist ein Reinisotop. Alle Elemente unter dem Scandium besitzen, gleichgültig, ob sie gerad- oder ungeradzahlig sind, Isotope mit einer der Neutronenerweiterungszahlen[1]

$$-1, 0, +1$$

Scandium müßte nach diesen Regeln ein Isotop besitzen von der Masse 43, also aus 21 Protonen und 22 Neutronen bestehen. Statt

---

[1] Die Neutronenerweiterungszahl −1 besitzen sowohl das Heliumisotop mit der Masse 3 wie das Wasserstoffisotop mit der Masse 1.

der Neutronenerweiterungszahl 1 hat Scandium die Erweiterungszahl 3. Kein Element oberhalb der Ordnungszahl 20 besitzt mehr die Neutronenerweiterungszahl -1, 0 oder $+1$.

Der Physikstudent muß allgemein wissen, daß vom Element 21 an immer mehr Neutronen in den Kernen benötigt werden und daß das Element 83, ein Reinisotop mit der Massenzahl 209, somit 43 Neutronen mehr besitzt, also insgesamt 126. Die Gründe für den zusätzlichen Einbau von Neutronen kennen wir nicht. Nur wird das der Physikstudent in der Prüfung nicht sagen. Er wird, danach befragt, erst gar nicht nachdenken, sondern antworten: "Ohne die zusätzlichen Neutronen wäre der Kern instabil." Wenn wir nun beide Studenten, den Chemiker und den Physiker, die mit ihrem Wissen bestanden haben, nach dem Examen darauf aufmerksam machen, daß just mit dem Element 21 in der Chemie die Nebengruppenelemente beginnen und in der Physik die Kerne mit Zusatzneutronen aufgefüllt werden, deren Anzahl größer ist als 1 — warum sollte diese Übereinstimmung der Gesetzmäßigkeiten oberhalb einer Zahl, nämlich der Zahl 20, diesen beiden Naturwissenschaftlern etwas sagen? Sie haben doch schon bestanden. Sind sie ehrgeizig, werden sie gar Professor. Doch die wohl auffälligste Frage in Chemie und Physik gerät in Vergessenheit. Die Großen, die diese Gesetzmäßigkeiten entdeckten, diskutierten sie noch untereinander. Eines Tages waren sie alle tot, und ihre ungelösten Fragen wurden mit ihnen beerdigt. Die Nachfolger wollten auch berühmt werden und nicht alte Geschichten aufwärmen.

Jedesmal wenn ich auf ein Periodensystem oder eine Isotopentabelle schaute, habe ich völlig ratlos mit dem Kopf geschüttelt: Das kann kein Zufall sein, daß die ersten zwanzig Elemente Hauptgruppenelemente[1] sind und daß ihre Kerne nach einem einheitlichen Gesetz aufgebaut sind. Für die Elektronen der Hülle und für den Aufbau der Kerne muß dasselbe Gesetz gelten.

Ungerade Ordnungszahlen. Inzwischen habe ich nachweisen können, daß die Ordnungszahlen der stabilen Elemente exakt in Kolonnen geteilt sind, wobei wieder die Zahl 20 eine Rolle spielt. Ich schreibe alle ungeraden Ordnungszahlen auf, beginnend mit 21.

$$21, 23, 25, 27, 29, 31, \ldots, 83$$

Nun suche ich aus der Nuklidtabelle eines Lehrbuches[2] die Isotope der

---

[1] Wasserstoff und neunzehn Hauptgruppenelemente.

[2] Lieser, Karl Heinrich: Einführung in die Kernchemie, 2. Auflage Weinheim 1980.

jeweiligen Elemente heraus und berechne die Neutronenerweiterungszahlen. Jedes Element dieser Ordnungszahlen besitzt wenigstens eine
ungerade Neutronenerweiterungszahl. Ich notiere die Folge der ungeraden Zahlen. Es sind 21 Schritte, in denen nacheinander die Kerne
um zusätzliche Neutronen erweitert werden:

**3, 5, 7, 9, 11, 13, 15, 17, 19, 21, 23, 25,
27, 29, 31, 33, 35, 37, 39, 41, 43**

Wie sooft vorher, beginne ich zu frieren. Niemandem außer mir wären
diese 21 Schritte wichtig. Aber ich weiß ja schon, wie die Lösung aussehen wird. Die Neutronenerweiterungszahlen 3, 5, 7, 9, ... werden
bei den Doppelisotopen so erweitert, daß immer nur ein Isotop eine
höhere, vorher noch nicht benutzte Zahl verwendet, mit zwei Aus-
nahmen:

> Das Element 51, Antimon, besitzt 51 Protonen. Das leich-
> tere Isotop hat die Massenzahl 121, somit 19 zusätzliche
> Neutronen. Die Neutronenerweiterungszahl 19 ist bei den
> Elementen mit ungeraden Ordnungszahlen, die unterhalb
> des Elementes 51 liegen, noch nicht aufgetreten. Und das
> schwerere Isotop des Antimons hat die Neutronenerweite-
> rungszahl 21. Auch diese Zahl war unterhalb des Antimons
> noch nicht vorhanden. Die zweite Ausnahme bildet das Ele-
> ment 81, Thallium. Seine beiden Isotope besitzen 41 und
> 43 zusätzliche Neutronen, die hier erstmalig auftreten.

Die beiden Doppelerweiterungen. Ob der Leser wohl jetzt
merkt, auf was ich hinauswill? Zwar finden sich

21

ungerade Zahlen, um die erweitert wird. Zählt man hingegen die
Schritte, in denen jeweils eine Erweiterung auf eine höhere Erweiterungszahl stattfindet, so sind es nicht 21. Da zweimal Doppelerweiterungen vorliegen, sind es insgesamt

19

Erweiterungsschritte. Das Besondere an den 19 Erweiterungsschrit-
ten ist, daß es sich um

17

Einzelerweiterungen und

2

Doppelerweiterungen handelt. Das ist phantastisch. Genau so sind die 19 linksgebauten Aminosäuren aufgebaut. Es sind

17

Aminosäuren mit einem asymmetrischen Zentrum und

2

Aminosäuren mit zwei asymmetrischen Zentren. Entsprechend den Isotopenerweiterungsschritten sind es zusammen

21

asymmetrische Zentren, aber

19

linksgebaute Aminosäuren. Jetzt endlich begreife ich, wie wichtig es war, daß ich ungefähr zwanzig Jahre zuvor jenes Disilan mit den zwei asymmetrischen Zentren hergestellt habe. Wie das Zittern des Schreibers sich bei dem später dargestellten Digerman wiederholte, wie dann bei Professor Böhme das Buch sich von alleine öffnete und ich das Wort Ephedrin las, obwohl die Buchstaben für mich auf dem Kopf standen, und wie ich, bevor der Pharmaziepapst noch Luft holen konnte, begriff: Alles nur wegen zwei asymmetrischer Zentren, wegen Zwillingsatomen.

Gerade Ordnungszahlen. Nun wende ich mich den Elementen oberhalb der Ordnungszahl 20 mit geraden Ordnungszahlen zu:

$$22, 24, 26, 28, 30, 32, \ldots, 82$$

Hier beginnt die niedrigste Neutronenerweiterungszahl mit der Zahl 2, und da die geradzahligen Elemente die Fülle der Isotope bilden, werden nun alle fortlaufenden Zahlen

$$2, 3, 4, 5, 6, 7, \ldots, 44$$

verwendet, also insgesamt

43

fortlaufende Erweiterungszahlen. Da die Elemente mit den Ordnungszahlen

43 und 61

fehlen, handelt es sich bei den Elementen von 21 bis 83 um insgesamt

61

Elemente, die über dieses Neutronenerweiterungsgesetz Isotope bilden. Jetzt begreife ich, was ich wirklich entdeckt habe.

Kernmodelle. Wieviel Jahre habe ich darüber nachgedacht, warum im Periodensystem zwei Elemente fehlen! Daß sich Technetium nur künstlich herstellen läßt, wußte ich schon als Schüler. Aber erst, als ich später erfuhr, daß es nur noch ein zweites gibt, das Prometium, da packte mich dieses Problem. 1981 begriff ich, daß durch das Herausnehmen von zwei Elementen gerade 81 stabile Elemente existieren. Warum sind die beiden fehlenden Elemente primzahlig? Warum haben sie gerade die Ordnungszahlen 43 und 61? Das können wir nicht herausfinden, solange wir den Bauplan der Atome nicht kennen. Ein Safe mit Zahlenschloß läßt sich nur öffnen, wenn man die eingestellte Ziffernkombination kennt. Die Physiker warten schon seit fünfzig Jahren auf jemanden, der hinter das Geheimnis des Neutrons kommt. All ihre Kernmodelle — das wissen sie — sind beschämend. Einmal ist sogar für die sogenannten magischen Zahlen, eine Kernmodellvorstellung, der Nobelpreis vergeben worden. Die Höflichkeit verbietet, darüber überhaupt zu sprechen. Sie würden den, der das Geheimnis der Atomkerne klärt, der das Wesen des Neutrons mit einer gewaltigen Formel klären könnte, wirklich bejubeln. Allerdings müßte die Lösung so sein, daß die bisherigen Vorstellungen nicht über den Haufen geworfen würden. Für sie besteht das Wesen eines Kernteilchens in einer Vielzahl von Formeln mit Zahlen und griechischen Buchstaben. Die Aufrichtigen unter ihnen geben zu, daß sie nur etwas beschreiben können, dessen wahres Wesen ihnen verborgen ist.

Mir war immer bewußt, daß der rätselhafte Einbau von Neutronen in die Atomkerne nur aus dem Wesen des Neutrons selbst erklärt werden kann. Das Neutron kann nicht einfach eine Mischung des negativ elektrisch geladenen Elektrons und des positiv geladenen Protons sein. Seine empirische Qualität ist zwar die elektrische Neutralität, aber seine Wesenheit — dahinter steckt ein zahlentheoretisches Gesetz. Da die Codierung über die Zahl 19 das Gerade und das Ungerade in sich vereinigt, bietet diese Zahl die einzige Möglichkeit, neben geraden und ungeraden Zahlen zu etwas Neutralem zu gelangen.

Zwei Primzahlen zuviel. Das Pion und das Neutrino zu postulieren und nachzuweisen, galt als ungeheurer Erfolg hinsichtlich der Richtigkeit der Kernphysik. Nur — in Wirklichkeit kam es darauf an, das Wesen der Neutralität zu erkennen. Das ist nicht möglich durch Addieren von Plus und Minus. Das konnte nur ein philosophisches Problem sein oder, wie sich jetzt herausgestellt hat, ein zahlentheoretisches. Erst als ich erkannt hatte, daß aus den Ordnungszahlen die fünf Zahlen 4, 2, 6, 3 und 19 herausgenommen sind, war der Weg frei für die Neunzehnerkolonnen. Aber in der Kolonne der Primzahlen fanden sich jetzt zwei Primzahlen zu viel, nämlich insgesamt 21. Warum werden gerade das Element 43 und das Element 61 gestrichen?

Der Atomkern ist in der Lage, bei Bedarf Protonen in Neutronen zu verwandeln und Neutronen in Protonen. Woher er die Information für die Notwendigkeit dieser Umwandlung nimmt, war bislang gänzlich unbekannt. Die Erklärung bietet ein zahlentheoretisches Gesetz mit einer einzigen neutralen Zahl. Indem das Neutron und die Neutronenerweiterungszahlen der Isotope nur aus der Neutralität der Zahl 19 existieren, muß der ganze Kernaufbau über eine einzige Zahl laufen. Durch den neunzehnfachen Einbau zusätzlicher Neutronen oberhalb des Elementes 20 für ungerade Ordnungszahlen besteht die Möglichkeit, das Wesen der Neutralität zu erfüllen.

Um in neunzehn Schritten insgesamt 61 neutronenerweiterte Elemente aufzubauen, muß mit 43 Erweiterungszahlen gearbeitet werden. Im Fall der ungeraden Elemente muß die letzte Neutronenerweiterungszahl 43 lauten. Genau die beiden Zahlen, die auf die beschriebene Weise als einzige den 19-fachen Code verwirklichen, die **43** und die **61**, müssen folglich herausgenommen werden. In einem bloßen Zahlenverlauf besteht die Möglichkeit einer Codierung nur im Auslassen von Zahlen: Gerade die ausgelassenen Zahlen sind die Codierungszahlen. Die Primzahlen 43 und 61 fehlen nicht, weil an den Zahlen 43 und 61 sonst etwas Besonderes wäre. In diese Falle bin ich immer wieder gelaufen. Die beiden Elemente fehlen deswegen, weil das Wesen der Isotopie, das Wesen der Neutralität, die Zahl **19**, sich über die Primzahlen 43 und 61 erfüllt. Diese zahlentheoretische Sichtweise macht die bisherige Vorstellung, das Mehr an Neutronen verhindere das Auseinanderfallen des Kernes, zu einer vordergründigen Scheinantwort.

Ordnungszahlen und Aminosäuren. Von hier aus läßt sich auch die Frage klären, warum sich die 19 optisch aktiven Aminosäuren aus 17 Aminosäuren mit einfachen Zentren und zweien mit Doppelzentren zusammensetzen und warum auch bei den Neutronenerweiterungszahlen 17 Einzelschritte und zwei Doppelschritte vorliegen. In Tabelle 5 werden die Ordnungszahlen auf ihre Teiler hin untersucht. 19 Elemente stellen das Vielfache der Zahl Vier dar. Weitere 19 sind das Vielfache der Zahl Zwei. Aber es sind nicht 19 Zahlen, die das Vielfache der Zahl Drei darstellen, sondern nur 13. Die restlichen sechs, nämlich

$$25, 35, 49, 55, 65 \text{ und } 77$$

sind Produkte der Zahlen, die sich von der Eins ableiten.

Teilbare Ordnungszahlen

8	$= 4 \cdot 2$	**10**	$= 2 \cdot 5$	**9**	$= 3 \cdot 3$
12	$= 4 \cdot 3$	**14**	$= 2 \cdot 7$	**15**	$= 3 \cdot 5$
16	$= 4 \cdot 4$	**18**	$= 2 \cdot 9$	**21**	$= 3 \cdot 7$
20	$= 4 \cdot 5$	**22**	$= 2 \cdot 11$	**25**	$= 5 \cdot 5$
24	$= 4 \cdot 6$	**26**	$= 2 \cdot 13$	**27**	$= 3 \cdot 9$
28	$= 4 \cdot 7$	**30**	$= 2 \cdot 15$	**33**	$= 3 \cdot 11$
32	$= 4 \cdot 8$	**34**	$= 2 \cdot 17$	**35**	$= 5 \cdot 7$
36	$= 4 \cdot 9$	**38**	$= 2 \cdot 19$	**39**	$= 3 \cdot 13$
40	$= 4 \cdot 10$	**42**	$= 2 \cdot 21$	**45**	$= 3 \cdot 15$
44	$= 4 \cdot 11$	**46**	$= 2 \cdot 23$	**49**	$= 7 \cdot 7$
48	$= 4 \cdot 12$	**50**	$= 2 \cdot 25$	**51**	$= 3 \cdot 17$
52	$= 4 \cdot 13$	**54**	$= 2 \cdot 27$	**55**	$= 5 \cdot 11$
56	$= 4 \cdot 14$	**58**	$= 2 \cdot 29$	**57**	$= 3 \cdot 19$
60	$= 4 \cdot 15$	**62**	$= 2 \cdot 31$	**63**	$= 3 \cdot 21$
64	$= 4 \cdot 16$	**66**	$= 2 \cdot 33$	**65**	$= 5 \cdot 13$
68	$= 4 \cdot 17$	**70**	$= 2 \cdot 35$	**69**	$= 3 \cdot 23$
72	$= 4 \cdot 18$	**74**	$= 2 \cdot 37$	**75**	$= 3 \cdot 25$
76	$= 4 \cdot 19$	**78**	$= 2 \cdot 39$	**77**	$= 7 \cdot 11$
80	$= 4 \cdot 20$	**82**	$= 2 \cdot 41$	**81**	$= 3 \cdot 27$

Tabelle 5

Sie bestehen jeweils aus zwei Primfaktoren. Aber es ist ein Unterschied, ob man schreibt

$$5 \cdot 7$$

oder

$$7 \cdot 5$$

Diese Faktorvertauschung ist bei allen sechs Produkten, auch bei den Quadratzahlen darunter, möglich. Somit setzen sich die 57 Elemente aus

$$51 + 6$$

zusammen. Das entspricht dem Verhältnis

$$3 \cdot (17 + 2)$$

Die in dieser Formel vorkommende 17 ist bei den Aminosäuren die Anzahl der Säuren mit einem asymmetrischen Zentrum, während die Zahl 2 die Anzahl der beiden Säuren determiniert, die doppelte Zentren haben. Entsprechendes gilt für die Neutronenerweiterungsschritte.

Diese zahlentheoretische Begründung konnte nur von dem gefunden werden, der die Anzahl der ungeradzahligen Reinisotope mit der Anzahl der Aminosäuren verglich und dabei voller Neugier die Frage stellte: Warum sind das genau

19

Herkömmliche Logik. Ich bin sehr berührt von der Entdeckung einer neutralen Zahl. Ich habe etwas entdeckt, was die menschliche Logik zu verbieten scheint, was aber notwendigerweise existieren muß. Was ist dann unsere bisher ausgearbeitete Logik wert? Was ist dann noch wahr? Spinoza sagt[1]:

> "Wer eine wahre Idee hat, weiß zugleich, daß er eine wahre Idee hat, und kann an der Wahrheit der Sache nicht zweifeln."

Läßt sich die Wahrheit über das Rätsel der Atomkerne auf die Zahl 19 zurückführen? Ja. Ist diese Wahrheit schön? Nicht im Sinne heutiger kernphysikalischer Sensations-Ästhetik. Die Neutralität hat, wie zu erwarten war, etwas von der schlichten Größe vollkommener Zahlenästhetik.

Wahre Worte sind nicht schön.
Schöne Worte sind nicht wahr.
Laotse, Das Tao, 81

---

[1] De Spinoza, Baruch Benedict: Die Ethik. Zweiter Teil, Lehrsatz 43, Hamburg 1963.

Kapitel 2

Atomphysik

Der Primzahltakt. Das Primzahlkreuz besitzt acht Strahlen, auf denen sich Primzahlen befinden und ebenso Produktkombinationen dieser Primzahlen[1]. Viele Mathematiker haben sich mit dem Primzahlrätsel beschäftigt. Es besteht in unserer Unfähigkeit, von einer Zahl, etwa 103, sagen zu können, ob es sich um eine Primzahl handelt. Ob eine Zahl gerade ist, erkennen wir sofort. Ob sie durch drei teilbar ist, läßt sich über die Quersumme ermitteln, ob durch fünf, an ihrer Endziffer 0 oder 5. Darüber hinaus versagen unsere Methoden. Wir müssen ausrechnen, ob 103 durch 7 teilbar ist. Bei 1003 müssen wir schon durch $7, 11, 13, 17, 19, 23, 29, 31$ teilen, um die Primzahligkeit festzustellen. Auch wenn man das Rechnen heute den Computern überläßt — das Problem selbst ist nie gelöst worden.

Schon Leibniz war aufgefallen, daß die Primzahlen oberhalb der Zahl 3 alle von der Form

$$6n + 1 \text{ bzw. } 6n + 5$$
$$\text{für } n = 1, 2, 3, 4, \ldots$$

sind[2]. Der Sechserabstand, mit dem die Primzahlen bzw. ihre Produkte getaktet sind, hat mich auf die Idee gebracht, die Leibnizformel umzuwandeln in

$$6n \pm 1$$
$$\text{für } n = 0, 1, 2, 3, \ldots$$

Für $n = 0$ ergibt sich der Zahlenzwilling

$$\pm 1$$

der jedoch nicht als Primzahlzwilling angesehen wird. Somit verhinderte schon die herkömmliche mathematische Definition von Prim-

---

[1] Das Kreuz enthält vier Doppelstrahlen mit unendlich vielen Primzahlen. Den Beweis für die unendliche Anzahl von Primzahlen auf einem Strahl erbrachte G. Lejeune Dirichlet 1837. Er fand die Lösung, während er in der Sixtinischen (!) Kapelle der Ostermusik zuhörte. Dirichlet wurde 1855 Gauß' Nachfolger. Das Primzahlkreuz kannte er allerdings nicht.

[2] Zitiert nach: Totok, W. und Haase, C. (Hrsg.): Leibniz. Sein Leben - sein Wirken - seine Welt, Hannover 1966, S. 436.

zahlen, daß das Primzahlzwillingskreuz entdeckt wurde. Alle Primzahlen außer 2 enden bekanntlich auf den Endziffern[1]:

$$1, 3, 7 \text{ und } 9$$

Da die Zahlen 3, 7 und 9 addiert 19 ergeben, interessierte ich mich jetzt zunehmend für das Primzahlrätsel.

Der Integrallogarithmus. Mit größer werdenden Zahlen nehmen die Primzahlen immer mehr ab. Gauß vermutete schon als 15-jähriger Junge mit Hilfe einer geschenkten Logarithmentafel samt Primzahltabelle, daß die Anzahl der Primzahlen unterhalb einer Zahl n logarithmisch verläuft[2]:

$$\frac{n}{\ln n}$$

Zu demselben Ergebnis kam 1798 Legendre[3]. Er stellte eine Formel vor, die recht genau die Anzahl von Primzahlen $\pi(n)$ unterhalb von n angibt[4]. Gauß war Legendre dadurch voraus, daß er die Oszillation der Primzahlen um eine Zahl n untersucht und als $1/\ln n$ erkannt hatte. Die Rechnung führte ihn zu der Vermutung, daß die Anzahl der Primzahlen unterhalb von n ungefähr bestimmt werden kann, wenn man die reziproken Logarithmen von 2 bis n aufsummiert:

$$\frac{1}{\ln 2} + \frac{1}{\ln 3} + \ldots + \frac{1}{\ln n}$$

Das führte ihn zum Integrallogarithmus

$$Li(n) = \int_2^n \frac{1}{\ln x}\, dx$$

---

[1] Diese vier Endziffern waren J. R. R. Tolkien so wichtig, daß er sie verewigt hat. "Der Herr der Ringe" beginnt mit einem aus acht Zeilen bestehenden Gedicht: "Drei Ringe den Elbenkönigen..., sieben den Zwergenherrschern..., den Sterblichen ... neun, ein Ring, sie zu knechten."

[2] 1849 in einem Brief an den Astronomen J. Emcke.

[3] Essai sur la théorie des nombres.

[4] Für die erste Million fortlaufender Zahlen ist der wahre Wert $\pi(n) = 78496$. (Lies *pi von n*. Hierbei ist π nicht zu verwechseln mit der Kreiszahl). Für $n : \ln n$ ergibt sich 72382. Legendres korrigierte Formel $n : (\ln n - 1,08666)$ liefert 78534. Die Zahlen sind ganzzahlig aufgerundet.

Es dauerte noch über hundert Jahre, bis die Vermutung bewiesen werden konnte, daß die Primzahlfunktion $\pi(x)$ sich asymptotisch wie $x:\ln x$ verhält, und zwar 1896 durch den Franzosen J. Hadamard und, unabhängig davon, durch den Belgier Ch. de la Vallée Poussin. Sie bewiesen auch, daß die Endziffern der Primzahlen 1, 3, 7, 9 je zu einem Viertel vertreten sind. So sehr der Beweis als mathematische Glanztat einzustufen ist, sagt er dennoch nicht das Geringste darüber aus, was denn die Abnahme der Primzahlen oder allgemeiner: was die Primzahlen überhaupt mit dem natürlichen Logarithmus zu tun haben, folglich mit jener Zahl, die die Grundlage von Differential- und Integralrechnung ist, der Eulerschen Zahl

$$e = 2,71828\ldots$$

Wenn ich nachweisen könnte, daß der Verlauf der Primzahlen auf den Strahlen des Primzahlkreuzes codiert ist, wäre das ein erster Schritt. Da das Primzahlkreuz den Raum um einen Punkt geometrisch rechtwinklig einteilt, müßten zwei andere ungelöste Rätsel der Mathematik, das Fermatsche und das Vierfarben-Problem, mit dem Rätsel der Primzahlen verknüpft sein.

Fermats Vermutung. Das zweite dieser Probleme, die Fermatsche Vermutung[1], besagt, daß die Gleichung

$$x^n + y^n = z^n$$

in ganzen Zahlen x, y, z für ganzzahlige Exponenten n größer als 2 nicht lösbar ist und somit nur Lösungen quadratischer Art existieren. Die einfachste der pythagoräischen Gleichungen habe ich schon erwähnt:

$$3^2 + 4^2 = 5^2$$

Pierre de Fermat hat in der 1670 von seinem Sohn herausgegebenen Arithmetik des Diophant folgendes ausgesprochen[2]:

"Es ist unmöglich, einen Kubus in zwei Kuben, ein Biquadrat in zwei Biquadrate, allgemein irgendeine Potenz außer

---

[1] Eine gute Besprechung und Zusammenfassung der Probleme zur Fermatschen Vermutung findet sich im 8. Kapitel von Keith Devlin: Sternstunden der modernen Arithmetik, Basel 1990.

[2] Dörrie, Heinrich: Triumph der Mathematik, Würzburg 1958, S. 98.

dem Quadrat in zwei Potenzen von demselben Exponenten zu zerfällen."

Fermat fügt hinzu:

"Hierfür habe ich einen wahrhaft wunderbaren Beweis entdeckt, aber der Rand (des Heftes) ist zu schmal, ihn zu fassen."

Diesen Beweis zu finden, erwies sich als so schwierig, daß allgemein angenommen wird, Fermat habe sich mit einem solchen Beweis geirrt. Fermat bewies die Vermutung lediglich für den Exponenten 4. Daraufhin ließ sich erkennen, daß die Nichtlösbarkeit der Gleichung für alle Exponenten $4n$, $n = 1, 2, 3, \ldots$ gilt. Es ließ sich ferner zeigen, daß die Vermutung für alle zusammengesetzen Zahlen (Exponenten) zutrifft und damit lediglich ungerade Primzahlen untersucht werden müssen.

Euler fand als erster den Beweis für den Exponenten 3, Dirichlet und Legendre erbrachten ihn, unabhängig voneinander, 1825 für die Primzahl 5, Gabriel Lamé 1835 für $n = 7$. Schon 1847 fand Ernst Kummer einen völlig neuen Weg, die Probleme für höhere Primzahlen in den Griff zu bekommen und zu beweisen, daß die Fermatsche Vermutung für alle Exponenten unterhalb der Zahl 100 zutrifft. Nur den Fall 37, 59 und 67 konnte er noch nicht beweisen. Aber auch dieses Problem löste er später. Inzwischen ist man mit Computern in unvorstellbare Exponentenbereiche vorgedrungen und weiß: So ist das Problem wahrscheinlich nicht lösbar.

Mir war zur Fermatschen Vermutung etwas Interessantes eingefallen. Wenn unsere Welt, wenn der Raum um einen Atomkern nach den Gesetzen des Primzahlzwillingskreuzes angeordnet ist, wenn das Kreuz, der rechte Winkel, die Grundlage für die Verknüpfung von Zahlen und Geometrie ist, kann in einer solchen quadratisch angelegten Welt nur der Satz des Pythagoras gelten:

$$a^2 + b^2 = c^2$$

Lösungen für Gleichungen mit höheren Exponenten können dann nicht existieren. Ein solcher Gedanke könnte auch Pierre de Fermat gekommen sein. Er war auch der erste, der sich mit der Achsengeometrie befaßt hat[1].

---

[1] Der Name *Koordinatenkreuz* geht auf Leibniz zurück. Er führte dieses rechtwinklige Kreuz in der Mathematik ein, während Descar-

Das Vierfarbenproblem. Meine Idee führt direkt zum dritten mathematischen Problem[1].

Das Vierfarbenproblem besagt, daß jede politische Landkarte mit vier Farben so gedruckt werden kann, daß je zwei nicht nur in einer Ecke aneinandergrenzende Länder verschiedenfarbig sind.

Mit anderen Worten: Landkarten mit beliebig vielen Nationalstaaten werden so gedruckt, daß sich jedes Land von dem benachbarten durch eine andere Farbe unterscheidet. Da manche Staaten mit langen Spitzen in andere hineinragen, könnte man jedem Staat eine Farbe geben. Will man jedoch so wenig Farben wie möglich verwenden, so fand Guthrie, müssen es wenigstens vier sein. Nur — warum? Das kann man bis heute nicht sagen. Hingegen läßt sich zeigen, daß das Problem auf 3 Farben und eine Hilfsfarbe zurückgeführt werden kann.

Raumstruktur. Mich hat dieses Problem immer an das Rätsel der Farbdrucke erinnert. Bekanntlich lassen sich mit drei Farben und der Kontrastfarbe Schwarz, also mit nur 3 und 1 Farben, bunte Bilder drucken, wobei der Mensch darin weit über hundert Farben unterscheiden kann. Für mich ist die rätselhafte Zahl 4 gar nicht mehr rätselhaft. Denn wenn der Raum rechtwinklig angelegt ist und quadratisch, dann sind das Vierfarbenproblem und die Fermatsche Vermutung vergleichbare Probleme, die erst dann lösbar sind, wenn das Primzahlzwillingskreuz als Wesen der Räumlichkeit verstanden ist. Die drei so verschiedenartigen Probleme

logarithmische Verteilung der Primzahlen
Fermatsche Vermutung
Vierfarbenproblem

kommen mir jetzt plötzlich fast identisch vor[2], da sie anscheinend

---

tes aus für mich nicht nachvollziehbaren Gründen beliebige Winkel benutzte. Das Primzahlkreuz und das Koordinatenkreuz der Mathematiker sind von gleicher geometrischer Konstruktion. Dazu näher Kapitel 9.

[1] Der Mathematikstudent Francis Guthrie entdeckte es 1852. Im Jahre 1878 wurde es der Mathematischen Gesellschaft in London durch Arthur Cayley vorgetragen.

[2] Bis 1976 erschien das Vierfarbenproblem vielen Mathematikern als nicht so wichtig. Dann aber erfuhr die ganze Welt aus der Presse,

nur deshalb existieren, weil der Raum um einen Punkt nur von einer bestimmten Konstruktion sein kann.

Die verborgene Vier. Der Sechsertakt der Primzahlzwillinge beginnt mit dem Zahlenzwilling

$$-1 \text{ und } +1$$

Da muß das ganze Problem verborgen sein.

Dazu untersuche ich die 24 Zahlen des ersten Kreises. Acht Zahlen leiten sich von der 1 ab:

$$1, 5, 7, 11, 13, 17, 19, 23$$

Ihre Summe beträgt

$$96$$

Die acht Zahlen, die sich von der 2 ableiten, lauten:

$$2, 4, 8, 10, 14, 16, 20, 22$$

Die Summe dieser Zahlen beträgt ebenfalls

$$96$$

Ich zähle die verbliebenen acht Zahlen, die sich von der 3 ableiten, zusammen, die

$$3, 6, 9, 12, 15, 18, 21, 24$$

und erhalte die Summe

$$108$$

Das ist merkwürdig. Die Summe aller Zahlen beträgt

$$\mathbf{300}$$

Ich hatte bei der Ableitung der Lichtgeschwindigkeit (Band I, Kapitel 34) aus dieser Zahl 300 das Produkt aus

$$\mathbf{3 \cdot 100}$$

daß zwei Mathematiker in Amerika es gelöst haben sollten — und zwar mit Hilfe eines Computers! Wahrhaft ein schöner "Beweis" für die Wertlosigkeit vieler mathematischer Beweise. Denn die wirklichen Probleme liegen viel tiefer.

gemacht. Der Gedanke ist viel zu schön, als daß ich daran zweifeln könnte. Also muß ich jetzt falsch gerechnet haben. Natürlich, der Fehler liegt bei der letzten Zahl, nämlich der 24, und in deren Wesen. Ich hatte sie, ohne nachzudenken, den Zahlen zugerechnet, die sich von der 3 ableiten. Aber die 24 auf dem Kreis gehört nur zur Hälfte diesen Zahlen. Es handelt sich ja nicht um Zahlenmengen in linearer Anordnung, sondern die Perlschnur der Zahlen ist zu einem Kreis geknüpft. In einer solchen Anordnung kann die 24 nur halb zur Summe der Zahlen gehören, die sich von der 3 ableiten. Das bedeutet, die dritte Zahlensumme beträgt zunächst ebenfalls

$$96$$

da sie sich aus den Zahlen

$$3, 6, 9, 12, 15, 18, 21 \text{ und } 12$$

zusammensetzt. Übrig bleibt ein Restwert von

$$12$$

der zu gleichen Teilen allen drei Sorten Zahlen gehört, so daß die Zahlen, die sich von der 1 ableiten, die Summe

$$96 + 4 = 100$$

ergeben. Die Summe der von der 2 abgeleiteten Zahlen beträgt ebenfalls

$$96 + 4 = 100$$

Dasselbe gilt für die Summe der Zahlen, die sich auf der 3 aufbauen. Für alle weiteren Zahlenringe gelten die gleichen Überlegungen. An der Verknüpfungsstelle zum Zahlenkreis, an der sowohl die 0 als die 24 stehen, befindet sich für jede der drei Zahlensorten eine 4, auf den weiteren Kreisen ein Vielfaches der 4. Nachdenklich frage ich mich, ob diese 4, die man nicht sehen kann, auf etwas hinweist, was mir bisher verborgen geblieben ist. Wenn ich Zahlen auf den Kreisen addiere und dabei herauskommt, daß sich das Problem der gebildeten Summen auf einen unsichtbaren Summanden 4 zurückführen läßt, müßte die Quadratur des Ringes, die Ausbreitung der Ringe in die Unendlichkeit, sich auf die gleiche Zahl zurückführen lassen. Nur dürfte es kein Summand 4 sein, sondern der Exponent 4. Und wovon der Exponent? Von der Grundzahl **3**. Ich stoße wieder auf das 3-hoch-4-Gesetz.

Die fehlende nullte Schale. Wenn das Primzahlkreuz das wahre Atommodell verkörpert, habe ich die ganze Zeit etwas übersehen. Alle Elemente besitzen eine sogenannte K-Schale. Auf dieser ersten Schale befinden sich zwei Elektronen. In meinem Atommodell bezeichne ich die K-Schale als die nullte Schale.

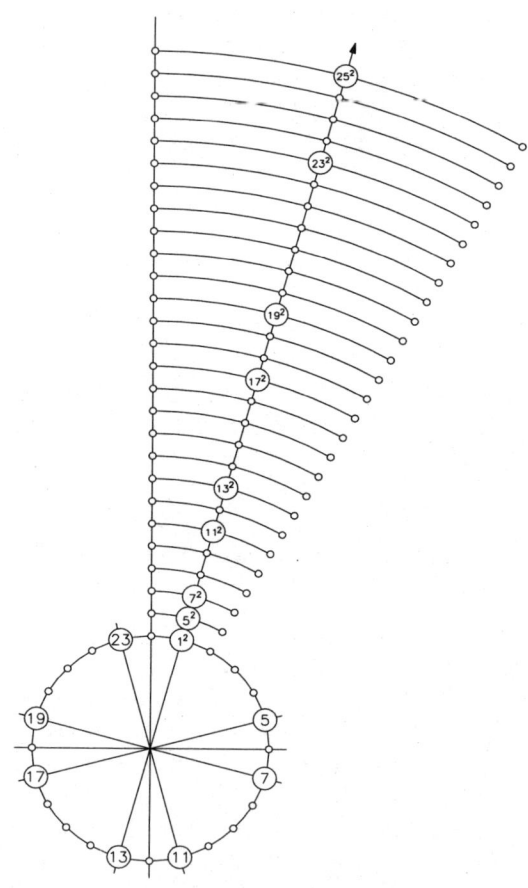

Abbildung 9 (Band I)

Als ich die Quadrate der Primzahlen untersuchte, die sich oberhalb der Zahl 1 befinden, fiel mir auf, daß die Folge der Quadratzahlen auf dem Strahl durch die 1 folgendermaßen lautet:

$$1, 5^2, 7^2, 11^2, 13^2, 17^2, 19^2, 23^2, 25^2, 29^2, 31^2 \ldots$$

Es handelt sich um unendlich viele Quadratzahlen. Nur die erste, die 1, scheint nicht quadratisch. Die erste Zahl muß jedoch

$$1^2$$

lauten. Wäre ich Mathematiker, hätte ich das übersehen. In der herkömmlichen Mathematik ist nämlich $1^2 = 1$. Kein Mathematiker hat sich je für die K-Schale der Atomhüllen interessiert. Mit der Zahl 1^2 habe ich nun den entscheidenden Hinweis: Die Atomphysik läßt sich mit dieser einen Zahl mathematisch auf eine neue Grundlage stellen.

Das Primzahlkreuz ist genau das Zahlenmodell, das mit dem Sechsertakt $6n \pm 1$ der Primzahlen übereinstimmt. Denn die Zahlen, die auf den acht Strahlen liegen, bilden diesen Takt. Hierbei ist es wichtig zu beachten, daß der Takt von der zweiten Schale an nicht stets Primzahlen liefert. Da der Takt in Wahrheit mit der Zahl

$$-1$$

beginnt und somit folgendermaßen lautet:

$$-1, 1, 5, 7, 11, 13, \ldots$$

besteht seine Quadratur aus folgenden Zahlen:

$$1, 1^2, 5^2, 7^2, 11^2, 13^2, \ldots$$

denn es ist

$$(-1)^2 = +1$$

Diese Zahl $+1$ liegt unter der 1^2, links davon die -1 und dazwischen die Zahl 0.

Die umgedrehte Eins. In der Mathematik werden die negativen Zahlen über die Vorstellung von Schulden eingeführt. Ich breche nun mit dieser eher kaufmännisch zu nennenden Vorstellung und begründe die Zahl -1 als vierdimensionales Spiegelbild der Zahl $+1$. So wie ich vor einigen Jahren meine Hand in den Raumspiegel hielt und begriff, daß sie im gegenüberliegenden Raum einfach umgedreht wird, so begründe ich jetzt die Zahl

$$-1$$

als eine räumlich umgedrehte Zahl

$$+1$$

Damit erhält das Primzahlkreuz einen nullten Teilkreis, auf dem sich nur zwei Zahlen befinden,

$$-1 \text{ und } +1$$

deren Summe Null ist.

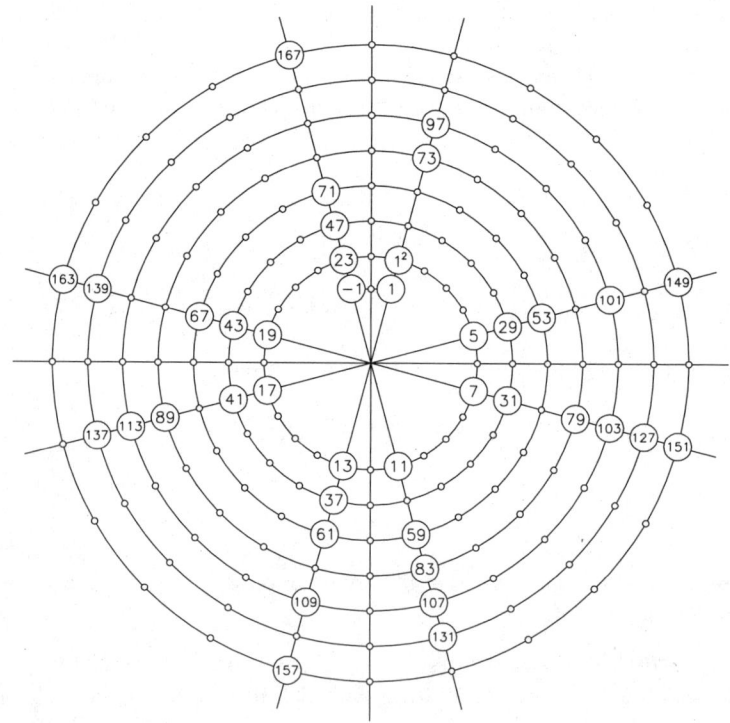

Abbildung 10 (Band I)

Die kreisende Eins-Quadrat. Wir haben bisher nur die fortlaufenden Ziffern wie auf einer 24-Stunden-Uhr betrachtet, dabei den Flächencharakter des Primzahlkreuzes vernachlässigt und damit seine Quadratur. Die Zahl 5^2 steht über der Zahl 1^2. Wo steht die Zahl $5 \cdot 5^2$? Diese Zahl 125 befindet sich auf dem Strahl, der mit der 5 beginnt. Zwei weitere Beispiele: Wo befindet sich die Zahl $29 \cdot 13^2$? Auf dem Strahl, der mit $5, 29, 53 \ldots$ beginnt. Und das Produkt aus $13 \cdot 17^2 \cdot 29^2$ muß sich auf dem Strahl befinden, der mit der 13 beginnt. Allgemein gilt, daß das Produkt einer beliebigen Zahl auf dem Strahl durch die 1^2 mit einer Zahl a sich auf dem Strahl befindet, auf dem der Faktor a liegt. Aufgrund dieser Tatsache sind alle Zahlen auf dem Primzahlkreuz Produkte mit der Zahl 1^2. Jede andere Quadratzahl wäre unwichtig, aber die Zahl 1^2 ist etwas Besonderes: Sie ist die vierte Potenz der Zahl -1. Das Primzahlkreuz ist in Wirklichkeit ein sich drehendes Zahlenkreuz. Zum Beispiel bedeutet die 13

$$13 \cdot 1^2$$

Hierbei hat sich die Zahl 1^2 um 13 Positionen fortbewegt. Es dreht sich immer nur eine einzige Zahl, die Zahl

$$1^2 = (+1)^2$$

Da $+1$ selbst das Produkt aus

$$(-1) \cdot (-1)$$

ist, dürfen wir die Zahl 1^2 auch folgendermaßen schreiben:

$$1^2 = (-1)^4$$

Die mathematische Atom-Struktur. Die Zahlen auf den einzelnen Schalen sind nichts als Vergrößerungskoeffizienten der 1^2. Ich zeige Christina die neue Bedeutung des Primzahlkreuzes und weise nach, wie sich die Zahl 1^2 dreht, schlage mit der Faust auf den Tisch und erkläre:

"Stell dir einen Atomkern vor. Um ihn herum befindet sich ein schalenförmig angeordneter Primzahlraum. Nach den Gesetzen der klassischen Physik müßte ein Elektron, das sich dem Kern nähert, mit seiner negativen Ladung von der positiven Ladung des Kerns angezogen werden und geradewegs in den Kern sausen. Nach den Gesetzen der Quantenmechanik tut es das nicht — das wird ja auch nicht beobachtet —, sondern das Elektron schwenkt wie ein Satellit in eine stationäre Umlaufbahn. Dort ist es dann, je nachdem, wie man es wünscht, entweder ein Teilchen oder eine Welle. Keiner weiß, warum.

Nach meiner Idee ist nun die Ursache für die stationäre Bahn des Elektrons der schalenförmig angeordnete Primzahlraum, der das Elektron an jeder Stelle in den Zustand

$$(-1)^4$$

versetzt. Der Exponent 'hoch vier' kennzeichnet den mathematischen Zustand des vierdimensionalen Raumes. Das Elektron hat die Ladung -1. Da sein Zustand auf den Zahlenschalen des Raumes um den Atomkern doppelt quadriert wird, wird das Minus in ein Plus umgewandelt, korrekter: Der Kern umgibt sich mit einem positiv geladenen Feld, in dem die Elektronen wegen ihrer negativen Ladung festgehalten werden. Die Ursachen dafür sind rein zahlentheoretisch. So wie der Kern auf einem 19er-Gesetz, ist die Elektronenhülle auf einem Gesetz aufgebaut, das im Wesen der Zahl 1 liegt. Daher wird das Elektron auf der Schale festgehalten.

Man kann es auch so ausdrücken: Der Primzahlraum ist vierdimensional von der Größe

$$\mathrm{cm}^4$$

In einem solchen Raum muß sich das Elektron für uns unverständlich verhalten, solange uns das Primzahlzwillingskreuz unbekannt ist."

Die Gaußsche Ebene. Ich hatte nachgewiesen, daß ein sich ausdehnender vierdimensionaler Raum eine konstante Ausbreitungsgeschwindigkeit haben muß. Der reine Zahlenwert beträgt

$$3 \cdot 10^2 \cdot 10^{2n}$$

Hier ist jetzt eine Präzisierung nötig: Ein Elektron, das in diesem vierdimensionalen Zustand eine aufgenommene Energiemenge wieder abgibt, wird selbst der Mittelpunkt eines Primzahlraumes. Die Energie wird abgegeben in Form einer elektromagnetischen Welle, die aus einem senkrecht zueinander stehenden flächenhaften Sinus- und Cosinusanteil besteht. Die Ausbreitung in diesem Primzahlraum beträgt

$$3 \cdot 1^2 \cdot 10^2 \cdot 10^{2n}$$

Nunmehr enthält die Ausbreitung zusätzlich den Flächenfaktor 1^2.
Über die scheinbar einzig nichtquadratische Zahl 3 mehr im Kapitel 9. Daß das Primzahlkreuz eine nullte Schale besitzt, führt mit
mathematischer Konsequenz zur Gaußschen Zahlenebene:

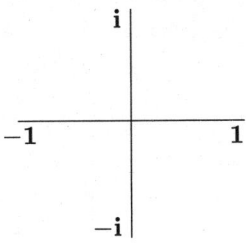

Die Zahlen $-1, 0, +1$ sind es, die diesen Wechsel in die Gaußsche
Zahlenebene erlauben.

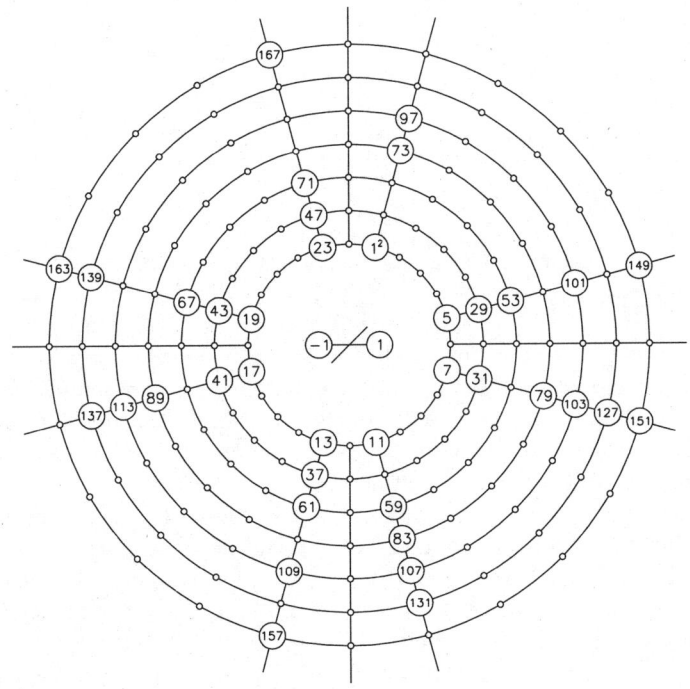

Abbildung 11

Die Quadratur der Gaußschen Ebene. Bisher hatte ich den vierdimensionalen Raum nur durch das zweidimensionale Primzahlkreuz und die nullte Schale zeichnerisch unterhalb der Zahlen 23 und 1 als Kreissegment dargestellt. Nunmehr verlege ich die Gaußsche Zahlenebene in den Mittelpunkt des Primzahlkreuzes. Ich bin auf eine sehr interessante Frage gestoßen: Von welcher Struktur muß der Raum um eine Gaußsche Zahlenebene herum sein? Offensichtlich von der Struktur des Quadrates einer Fläche. Eine solche Struktur besitzt aber nur ein vierdimensionaler Raum. Auch in Abbildung 11 ist dieser Raum in einer Ebene gezeichnet, wobei für die im Mittelpunkt befindliche Gaußsche Zahlenebene freie Drehbarkeit herrscht.

Ich habe im Vorherigen geschildert, daß sich auf den Kreisen des Primzahlkreuzes die Zahl 1^2 dreht. Diese Vorstellung muß nun dahingehend erweitert werden, daß die Zahl 1^2 raumgespiegelt einen Partner -1^2 besitzt.

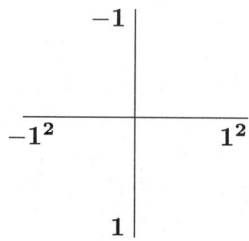

Auch bei diesen gespiegelten Quadraten der 1 führen wir nun eine Senkrechte ein, so daß sich die Quadratur[1] der Gaußschen Zahlenebene ergibt. Das aber heißt nichts anderes, als daß das Primzahlkreuz, zum Primzahlraum quadriert, genau jenen vierdimensionalen Raum zeichnerisch wiedergibt, der die Dimension einer Quadratfläche besitzt (Abbildung 12). Es ist ein verblüffend einfacher Gedanke, von der Kreuzform der Gaußschen Zahlenebene her die Frage zu stellen, wie die Kreuzform zweier Flächen geometrisch zu behandeln ist. Hätte der junge Gauß sich mit dieser Frage beschäftigt, hätte hundert Jahre später den Naturwissenschaftlern ein Raummodell zur Verfügung gestanden, das den Raum um einen Punkt herum beschreibt. Dieser Raum wäre strukturell rechtwinklig und nach allen vier Richtungen unendlich. Die Geschichte der Mathematik ist aber nicht so verlaufen, weil zu dem Zeitpunkt, als Gauß sich mit

---

[1] Es ist $i^2 = -1$ und $-i^2 = -(-1) = 1$. Hierbei tritt nur auf der vertikalen Achse ein Vorzeichenwechsel auf.

den komplexen Zahlen beschäftigte, die wissenschaftliche Welt noch kein Verständnis für die Realität des Imaginären aufbrachte. Heute wäre es unmöglich, sich ohne die Verwendung komplexer Zahlen mit Elektrizität zu beschäftigen.

Die drei Spiegelbilder der Zahl Eins-Quadrat. Auf dem Primzahlkreuz dreht sich nicht nur die Zahl 1^2, sondern ein Zahlenzwilling, nämlich

$$-1^2 \text{ und } +1^2$$

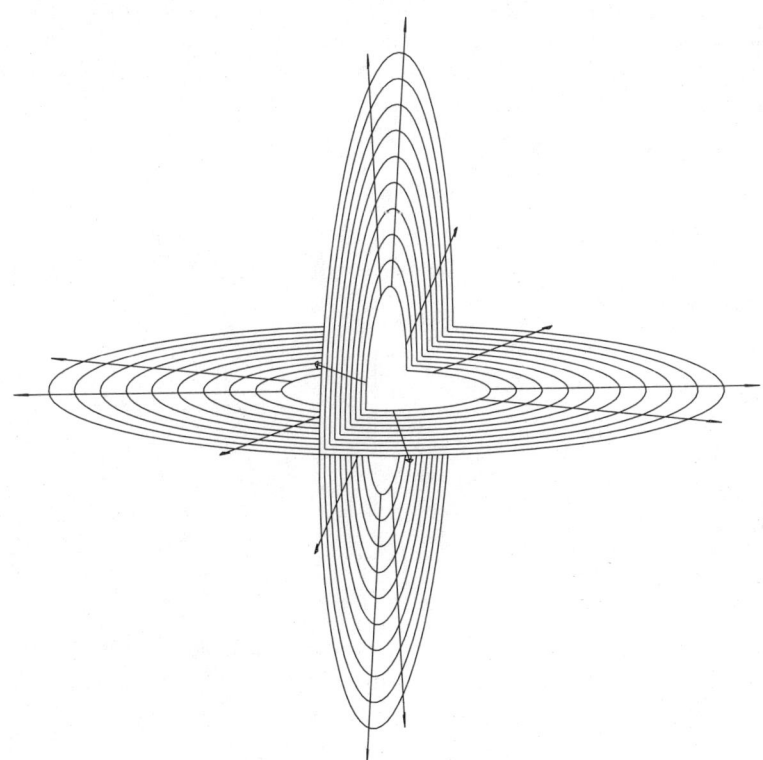

Abbildung 12

Ich wähle den Primzahlzwilling $(11; 13)$. An der Stelle, an der die 11 steht, liegt in Wirklichkeit das Produkt $11 \cdot 1^2$, zwei Plätze weiter das Produkt $13 \cdot 1^2$. Nach der Formel $6n \pm 1$ für $n = 2$ gilt, daß sich um die Zahl 12 zwei verschiedene Spiegelbilder von 1^2 befinden, und zwar der Zwilling

$$\pm 1^2$$

Bisher betrachtete man die Zahlen 11 und 13 einfach so, daß die 13 die um 2 vergrößerte 11 darstellt. Die neue Betrachtungsweise hingegen läßt erkennen, warum sich Elektronen als Zwillinge auf den Schalen befinden, mit den Spinunterschieden $\pm 1/2$. Die Vorzeichen $+$ und $-$ sind in der vierdimensionalen Geometrie das Ergebnis einer räumlichen Spiegelung.

Wechseln wir von der Fläche zur Quadratfläche (Fläche hoch zwei), wird aus dem Zahlenzwilling ein Quadropol[1]. In dem oben behandelten Beispiel spiegelt sich um die Zahl 12 der Zahlenzwilling $\pm 1^2$. Auf der waagerecht dazu verlaufenden Fläche spiegeln sich um die 12 die Zahlen $+1$ und -1, also der Zahlenzwilling

$$\pm 1$$

Stellen wir die Kreise so ein, daß sich im Schnittpunkt auf beiden Flächen die Zahl 12 befindet, so ergibt sich geometrisch folgender Quadropol

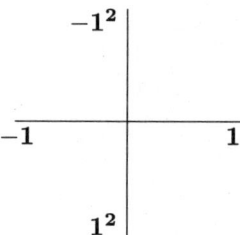

Da die Kreisflächen frei drehbar sind, wird jeder Punkt auf einer Schale einstellbar und zum Zentrum eines vierdimensionalen Raumspiegels:

Im vierdimensionalen Primzahlraum ist an jeder Stelle der Faktor 1^2 quadropolartig mit drei Spiegelbildern verknüpft. Der Quadropol stellt eine quadrierte Gaußsche Zahlenebene dar.

---

[1] Quadropol stellt eine Wortschöpfung dar, da hier nicht jener Quadrupolmagnet gemeint ist, der in Band I, Kap. 26, S. 346 beschrieben wird.

Dieser Satz soll im folgenden als

Erster Fundamentalsatz des Primzahlraumes

bezeichnet werden. Ich erinnere mich an jenen Tag, an dem ich in meiner Apotheke in den Raumspiegel schaute und noch keine Idee von der Quadrierung einer Gaußschen Zahlenebene hatte, aber schon vermutete, daß auch ohne Spiegel drei Spiegelbilder existieren. Doch jetzt erst taucht der Verdacht auf, daß der Primzahlraum zwar von der Art ist, daß sich in ihm eine Welle nur mit Lichtgeschwindigkeit fortpflanzen kann, er aber gerade nicht der Raum ist, den wir als physikalischen Raum bezeichnen, in dem sich Objekte bewegen lassen, welche die Lichtgeschwindigkeit aber nicht erreichen können, da dieser Raum dreidimensional angelegt ist.

Drei- und vierdimensionale Räume. Der physikalische Vorstellungsraum wird in der Atomphysik als Grundlage des Raumes um einen Atomkern benutzt. Daran mußte die Quantenmechanik scheitern.

Seit der Entdeckung Bohrs, daß sich Elektronen auf Schalen befinden, weiß man, daß außer den ersten beiden Elementen Wasserstoff und Helium alle Elemente durch chemische Bindung versuchen, Achterschalen zu erreichen. Alle Elemente besitzen eine erste Schale, auf der sich zwei Elektronen befinden können. Welches Chemie- und Physikbuch auf dieser Welt stellt die Fragen: Warum besitzt die erste Schale zwei Elektronen? Warum streben die jeweils äußeren Schalen dazu, Achterschalen zu bilden (Edelgaskonfigurationen)?

Kapitel 3

Zahlentheorie

Das Buch entsteht. Der erste Band ist ein zweites Mal geschrieben. Wir haben ihn in drei Teile gegliedert. Die Bücher liegen provisorisch gebunden vor uns. Wir schreiben sie im Jahr 1987 ein drittes Mal. Schon jetzt ist zu erkennen, daß wir nie fertig werden, wenn wir nicht einen Schreibcomputer benutzen, der nachträgliche Korrekturen ermöglicht. Ich durchstreife einschlägige Geschäfte und erkundige mich nach einem Computer, der in der Lage ist, ein Buch zu setzen und darüber hinaus Formeln und mathematische Zeichen beherrscht. "Buchsatz? Das geht nicht! Das ist viel zu teuer." Wir streben an, eine endgültige Fassung selber zu setzen. Wir wissen noch nicht, ob wir das Buch einem Verlag einreichen oder selbst einen Verlag gründen wollen. Außerdem brauche ich in absehbarer Zeit dringend einen Mathematiker, da die jetzigen und künftigen mathematischen Ergebnisse von einem Fachmann überprüft werden müssen.

Der Umsatz der Apotheke ist beträchtlich gestiegen und wird weiter steigen. Wir können gut von der Pacht leben. Sollte das Buch je herauskommen, verdankt es folglich seine Entstehung dem gut angelegten Geld einer Frau. So wie eine Königin von Spanien klüger war als alle Männer und dem genuesischen Kapitän Kolumbus drei kleine Schifflein zur Verfügung stellte, so ist es auch diesmal eine Frau, die meine Forschung finanziert hat.

Wenn das Wetter schön ist, liege ich im Schwimmbad. Ich gehe regelmäßig mit meinem sibirischen Schlittenhund spazieren und koche unsere Mahlzeiten. Christinas Chancen, je noch einmal eine Stelle zu finden, wo sie eine Ausbildung zur Fachärztin beginnen kann, sind gesunken. Wenn das Buch nicht wäre, hätte sie längst reißaus genommen. Sie hat ja nicht nur das zweifelhafte Vergnügen, mit einem Entdecker zusammenzuleben, sondern das Verhältnis zu meiner Mutter ist eine Katastrophe. Für meine Mutter ist "die Hure" da oben eine "üble Schlampe", die mit dem Lesen philosophischer Bücher und dem Maschinenschreiben meines Buches nur vertuschen will, daß sie sich für immer hier einnisten möchte, um zum Schluß Vanessa das Erbe wegzunehmen. Da ich mein ganzes Leben lang immer von Unsinn umgeben war, habe ich gelernt, in einer anderen Welt nachzudenken, wenn auf mich eingeredet wird.

Füllzahlen. Während ich die Verteilung der Primzahlen auf den acht Strahlen des Kreuzes untersuche, mache ich im Frühjahr

1987 eine Entdeckung: Ich finde in der Tabelle der Zahlen über der Zahl +1 den Code, nach dem ich so lange gesucht habe. Die Zwillinge

$$(-1; 1), (5; 7), (11; 13), (17; 19), (23; 25), (29; 31), \ldots$$

besitzen untereinander immer die Differenz 2. Voneinander sind die Zwillingspaare durch die Differenz 4 getrennt. Bei der Quadratur müßten sich die Differenzen 2 und 4 in andere Differenzen verwandeln, die zwangsläufig immer größer werden. Aber wie? Das läßt sich einfach auszählen aus einer Liste der Zahlen, die über der Zahl +1 stehen:

$$(-1)^2, 1^2, 5^2, 7^2, 73, 97, 11^2, 145, 13^2, 193, 217, 241, 265,$$
$$17^2, 313, 337, 19^2, 385, 409, 433, 457, 481, 505, 23^2, 553, 577,$$
$$601, 25^2, 649, 673, 697, 721, 745, 769, 793, 817, 29^2, 865, 889,$$
$$913, 937, 31^2, 985, 1009, 1033, 1057, 1081, 1105, 1129, 1153,$$
$$1177, 1201, 35^2, 1249, 1273, 1297, 1321, 1345, 37^2, \ldots$$

Zwischen den Quadraten des ersten Zwillings $(-1)^2$ und 1^2 befindet sich keine Zahl. Ich notiere eine Null. Für die Quadrate des zweiten Zwillings, 5^2 und 7^2, gilt das gleiche, ich notiere wieder eine Null. Zwischen 11^2 und 13^2 taucht die erste "Füllzahl" auf, die 145. Ich notiere eine Eins. Zwischen den nächsten Quadraten, 17^2 und 19^2, stehen zwei Füllzahlen, die 313 und 337. Dann werden es drei Füllzahlen, anschließend vier, dann fünf, und so geht es weiter. Ich notiere die Ziffernfolge:

0012345 ...

Das Komma. Mit dieser Ziffernfolge beschäftige ich mich doch schon seit sechs Jahren. Nur kannte ich sie bislang lediglich mit einer Kommastelle. Dieses kleine Komma ist uns so vertraut, daß uns gar nicht auffällt, wie es uns lediglich als Hilfsmittel das Lesen einer Dezimalzahl erleichtert:

$$0,012345 \ldots$$

Diese Dezimalzahl ist der Kehrwert der Zahl

81

Ich bin wie vor den Kopf geschlagen. Die Zahlen auf den Kreisen des Primzahlkreuzes besitzen die Ziffernfolge

0123456789(10)(11) ...

Ihre Quadratur stellt nichts anderes dar als die fortlaufende Division dieser Ziffernfolge durch die Zahl 10 und lautet

$$00123456789(10)(11)\ldots$$

Diese Zahl ist, wie schon gesagt, der Kehrwert von 81, im Dezimalsystem ausgedrückt, vorausgesetzt nur, daß man die erste Zahl als Null versteht und definiert: Rechts von der Null werden alle Zahlen fortlaufend durch 10 dividiert. Durch diese Definition wird das konventionell übliche Komma überflüssig. Während eine Reihe von Mathematikern in der Vergangenheit überzeugt davon war, daß die Natur die "natürlichen" Zahlen kennt, gehe ich hier einen Schritt weiter und vermute, daß sie auch Zahlen kennen muß, die kleiner sind als eins, also etwa die Kehrwerte der ganzen Zahlen. Sie muß diese Kehrwerte aber als Dezimalbrüche kennen, unabhängig von einer Notierungskonvention wie dem Komma. Da die fortlaufenden Zahlen schon ohne Dezimalbruch-Darstellung 012345... lauten, muß die Natur für Dezimalbrüche über eine zusätzliche Null verfügen, die wir links von der ersten Null eintragen. Somit wäre die doppelte Null (00) das natürliche Signal für die als Dezimalbruch aufzufassende Folge der natürlichen Zahlen.

Allerdings gehe ich hierbei von der noch zu beweisenden Voraussetzung aus, daß dieses Universum nicht nur nach Einzelzahlen aufgebaut ist, sondern daß diese Zahlen mit einem Rechensystem verbunden sind, und zwar mit dem Dezimalsystem. Das könnte ein konventioneller Mathematiker deswegen nicht herausfinden (vorausgesetzt, er hätte überhaupt das Primzahlkreuz je untersucht), weil der erste Kreis, der mit **012345**... beginnt, insgesamt 25 Zahlen beinhaltet, also gerade nicht zehn. Erst die Quadratur und die Ziffernfolge **0012345**... könnten ihn stutzig machen, tun es aber nicht, denn ihm fehlt ja jeder Bezug zur Zahl

$$3^4 = 81$$

Ordnungszahlen und Teilbarkeit. Der Kehrwert von 81 beginnt mit zwei Nullen. Früher fand ich daran nichts Aufregendes, jetzt hingegen bin ich überzeugt, daß das etwas bedeuten muß. Denn in der Ziffernfolge kommen alle anderen Zahlen nur jeweils einmal vor. Ich zerlege die Ziffernfolge

$$00123456789(10)(11)(12)\ldots$$

in zwei Sorten von Zahlen, und zwar in die ungeraden mit Sternchen für die Lücken, die die geraden Zahlen hinterlassen,

$$0 * 1 * 3 * 5 * 7 * 9 * (11) * \ldots$$

und in gerade Zahlen:

$$0 * 2 * 4 * 6 * 8 * (10) * (12) \ldots$$

Zerlege ich diese zwei Sorten Zahlen weiter, nämlich die ungeraden in

Primzahlen und teilbare ungerade Zahlen

und die geraden in

durch 4 und nicht durch 4 teilbare Zahlen

erhalte ich vier Sorten Zahlen. Ordne ich diese vier Sorten Zahlen, erhalte ich drei Gruppen teilbarer Zahlen und eine Gruppe mit Primzahlen. Das ist deswegen so interessant, weil die fortlaufenden Ziffern $0, 1, 2, 3, 4, \ldots$, diese Perlschnurzahlen des ersten Primzahlkreises, eben nur aus

3

Sorten Zahlen bestehen, die sich auf drei Kreuzen befinden (Abbildung 4). Damit kommen sie als Ordnungszahlen für die Elemente nicht in Frage. Wenn aber die Quadratur dieser Zahlen, der Kehrwert von 81, zu vier Sorten Zahlen führt, hätte ich endlich eine Idee, woher denn die Ordnungszahlen überhaupt kommen. Wir Menschen haben doch nur zwei Möglichkeiten, zu den ganzen Zahlen zu gelangen: Entweder wir denken sie uns abstrakt, oder wir zählen sie, wie in der Volksschule, ein Apfel, zwei Äpfel, drei Äpfel. Zahlen an sich, und sei es nur die Eins, kennen wir nicht. Bis heute kann die Mathematik die Realgeltung der Zahlen nicht demonstrieren[1].

Atomkerne müssen aber ihre Ordnungszahlen, ihren ganzen Zahlenbauplan, irgendwoher nehmen. Zählen und denken können sie nicht. Es muß eine dritte Möglichkeit geben. Das Geheimnis muß im Wesen des Primzahlkreuzes verborgen sein.

---

[1] Archimedes hat gesagt: Gebt mir einen festen Punkt im All, und ich hebe die Welt aus den Angeln. Dieses Doppelgenie, Mathematiker und Ingenieur, meinte die Zahl 1.

Ich untersuche nun den Viererabstand, der immer einen Zahlenzwilling vom nächsten trennt, bei den Quadraten der Primzahlen. Zwischen der Zahl 1^2 und der Zahl 5^2 liegt keine Füllzahl, zwischen der 7^2 und der 11^2 liegen zwei, zwischen der 13^2 und 17^2 sind es vier Füllzahlen. Das allgemeine Gesetz lautet dann

$$02468(10)(12)\dots$$

Schreibt man diese Zahl als Dezimalzahl und teilt sie durch zwanzig,

$$0,2468(10)(12)\dots : 20 = 0,012345\dots$$

erhält man wieder den Kehrwert von 81. "Warum gerade das Zwanzigfache?" denke ich, kann die Antwort jedoch nicht finden.

Vergrößerungszahlen. An einem Morgen im Herbst 1988 begreife ich plötzlich, in jener Phase zwischen Schlaf und Wachsein, daß ich etwas übersehen habe bei den Vergrößerungszahlen, jenen ungeraden Zahlen, die auch figurierte Zahlen[1] genannt werden. Natürlich, ich habe die nullte Schale ja vergessen. Diese Zahlen müssen in Wirklichkeit folgendermaßen lauten:

$$0,1,3,5,7,9,\dots$$

So aber stimmt etwas nicht. Ich bin plötzlich hellwach. Da die Differenz zwischen zwei ungeraden Zahlen, bezogen auf die Menge aller ganzen Zahlen, immer zwei beträgt, müßte auch die Differenz zwischen 0 und 1 zwei betragen. Demnach muß die obere Folge folgendermaßen lauten:

$$0*1*3*5*7*9\dots$$

Was hat es mit diesen Sternchen auf sich? Sie markieren offensichtlich die Folge der geraden Zahlen

$$0*2*4*6*8*10\dots$$

Zusammengesetzt müssen diese beiden Folgen dann lauten:

$$00123456789\dots$$

---

[1] Zwar berichtet schon Aristoteles in seiner Metaphysik von den "figurierten Zahlen" der Pythagoräer, doch wurde die "Arithmetik der Spielsteine" von den Mathematikern nur zur Entwicklung allgemeiner Reihen benutzt. Vgl. Becker, Oskar: Grundlagen der Mathematik in geschichtlicher Entwicklung, Frankfurt 1975.

Diese Ziffernfolge mit ihren zwei Nullen ist mir bestens bekannt als Kehrwert der Zahl **81**. Auf den ersten Blick ist es verblüffend, daß es zwei Nullen geben soll, eine, welche die Folge der ungeraden Zahlen einleitet, und eine zweite, mit der die geraden Zahlen beginnen. Die ungeraden Zahlen sind aber die Ursache für das reziproke Quadratgesetz. Denn es gilt:

$$1 + 3 \qquad = 2^2$$
$$1 + 3 + 5 \qquad = 3^2$$
$$1 + 3 + 5 + 7 \qquad = 4^2$$
$$1 + 3 + 5 + 7 + 9 \quad = 5^2$$
$$\vdots$$

Die Vergrößerungszahl Null. Doch dieses allgemeine Gesetz führt zu einem mathematischen Fehlschluß, denn es müßte

$$1 = 1^2$$

gelten, was gemäß dem Flächenverständnis des Primzahlkreuzes nicht richtig ist. Ich führe deswegen die Zahl 0 zusätzlich in das Gesetz der ungeraden Zahlen ein und erhalte ein allgemeines Gesetz, das auch an der Stelle 1 gültig ist,

$$0 + 1 \qquad = 1^2$$
$$0 + 1 + 3 \qquad = 2^2$$
$$0 + 1 + 3 + 5 \qquad = 3^2$$
$$0 + 1 + 3 + 5 + 7 \qquad = 4^2$$
$$0 + 1 + 3 + 5 + 7 + 9 \quad = 5^2$$
$$\vdots$$

wobei streng zu beachten ist, daß die hier verwendeten Zahlen 0, 1, 3, 5, 7, 9, ... Faktoren sind, um die sich auf dem Primzahlkreuz die Summe **300** der ersten Schale vergrößert. Da niemand bislang an eine nullte Schale gedacht hat, ist das Wesen des reziproken Quadrates nie verstanden worden. Erst die nullte Schale verlangt mathematisch zwingend, daß die Vergrößerungszahlen mit der Zahl 0 beginnen.

Der Faktor Zehn. Mittags mache ich, wie jeden Tag, einen Spaziergang mit meinem Schlittenhund Amigo durch die Wiesen und Anlagen hinter der Universität. Dort gelingt mir der nächste Schritt. Aus den Zweierschritten der Zwillingsprimzahlen, also etwa (5; 7), entsteht durch die Quadratur der Code **0, 0, 1, 2, 3,** ... Die Zahlenzwillinge sind voneinander immer durch Viererschritte getrennt, also etwa

$$(5; 7) * * * (11; 13)$$

Diese Viererschritte ergeben in der Quadratur den Code $0, 2, 4, 6, \ldots$ Ein Viererschritt ist einfach das Doppelte eines Zweierschrittes. Die beiden Zahlencodes unterscheiden sich aber gerade um den Faktor

20

Das heißt, die Verdopplung des Zweiertaktes zum Vierertakt bewirkt in der Quadratur eine Verzwanzigfachung. Wenn ich etwas mit zwanzig malnehme, kann ich es ebensogut **verdoppeln** und dann

verzehnfachen

Unomal- und Dezimalzahlen. Schreibt man die beiden Zahlencodes

00123...

02468...

untereinander und läßt außer acht, daß der untere Code aus dem Doppelten der fortlaufenden Zahlen besteht, erkennt man, daß die unteren Zahlen alle um eine Stelle nach links verschoben sind. Da der untere Code aus dem oberen dadurch hervorgeht, daß er **verzehnfacht** wurde, bedeutet die Stellenverschiebung dasselbe, wie wenn jede einzelne Zahl des oberen Codes mit der Zahl **10** multipliziert wird. Eine Ziffernfolge, bei der jede Zahl sich von der benachbarten links oder rechts dadurch unterscheidet, daß sie, abgesehen von ihrem Zahlenwert, zehnmal größer bzw. zehnmal kleiner sein soll, ist genau das, was man eine Dezimalzahl nennt. Damit steht fest, daß die zyklische Quadratur des Vierertaktes der Zwillingszahlen einen Code liefert, der eine Dezimalzahl ist.

Tief berührt fahre ich nach Hause, und in der Badewanne denke ich weiter. Jetzt gelingt mir der dritte Schritt, um meine Überlegung zu Ende zu führen: Ist der Code **02468...** eine Dezimalzahl, kann man davon ausgehen, daß genauso der Code **001234...** eine Dezimalzahl ist und ebenso die Erweiterungszahlen $0 * 1 * 3 * 5 * 7 \ldots$ Es sieht sogar so aus, als würden der Vierercode der Primzahlzwillinge und der Code der Erweiterungszahlen ineinandergesetzt den Code

001234567...

ergeben. Nimmt man nur die ungeraden Zahlen, ist $01357\ldots$ jetzt keine Dezimalzahl mehr, sondern eine "Zentimalzahl". Gleiches gilt für die geraden Zahlen. Nach diesen etwas umständlichen Überlegungen schaffe ich es endlich, die beiden Ziffernfolgen, auf die es beim

Primzahlkreuz überhaupt nur ankommt, miteinander zu vergleichen. Auf dem ersten Kreis drehen sich die Zahlen **012345**... im Takt der Primzahlzwillinge, und in der Quadratur des Primzahlzwillingstaktes entsteht der reziproke Faktor des 3^4-Raumes

$$001234\ldots$$

Schreibt man diese Codierungen untereinander, wobei beim ersten Code jede Zahl von links nach rechts um eins größer wird, beim zweiten Code auch jede Zahl um eins größer und gleichzeitig immer durch zehn geteilt wird,

$$U\ 0\ 1\ 2\ 3\ 4\ 5\ \ldots$$
$$D\ 0\ 0\ 1\ 2\ 3\ 4\ \ldots$$

so erkennt man, daß der erste Code ein **"Unomal"-System** darstellt und der zweite das **Dezimalsystem**. Das heißt, aus der Perlschnur der fortlaufenden natürlichen Zahlen entsteht im Primzahlkreuz durch die Quadratur eine Ausdehnung im dezimalen System. Damit ist das reziproke Quadratgesetz, bezogen auf ein Zahlenkreuz, auf dem sich die Zahl $(-1)^4$ dreht, selbst dezimal.

Die Monaden. Die übergeordnete Mathematik im Sinne einer vierdimensionalen konnte bisher nicht entdeckt werden. Leibniz' Werk bereitete die Erkenntnis der wahren Raumstruktur vor, wurde aber nicht verstanden. Bei ihm ist jeder Punkt, jede einzelne Monade[1], Mittelpunkt eines Raumes. Jede dieser Monaden stellt das ganze Universum dar[2]. Um jede Monade, um das Atom[3]

---

[1] Leibniz, Gottfried Wilhelm, Prinzipien der Natur und der Gnade (1714): "1. ... Die einfache Substanz ist diejenige, welche keine Teile hat. Die zusammengesetzte ist die Ansammlung der einfachen Substanzen oder Monaden. Monas ist ein griechisches Wort, das Einheit heißt oder das, was eines ist."

[2] Vgl. Leibniz, G. W.: Monadologie (1714), Satz 62.

[3] Leibniz war im Unterschied zu Newton kein Atomist. Seine Monaden sind Individuen, denen die Materie nur anhaftet. Diese Materie ist unendlich teilbar! Die Monaden sind raum- und zeitlos. Newton sieht Raum und Zeit real, Leibniz als Vorstellungen. Der eine der beiden genialen Mathematiker geht physikalisch, der andere philosophisch vor. Mit Galileis Fallversuchen (an der schiefen Ebene) war die Chance gegeben, physikalische Gesetze ($1^2, 2^2, 3^2 \ldots$) als Raum-Zeit-Zahl-Gesetze zu verstehen. Newton und Leibniz konnten jedoch

herum, existiert — weitergedacht — ein unendlicher vierdimensionaler Raum, dessen Mathematik eine vierdimensionale ist. Vierdimensionale Arithmetik und Geometrie gelten somit nur für unendlich viele einzelne Monaden. Diese einzelnen Monaden, und nur diese, sind jeweils Mittelpunkt eines unendlichen vierdimensionalen Raumes. Schon zwei Monaden bilden ein Objekt in einem dreidimensionalen Raum (vgl. Kapitel 9). Für unsere menschliche Vorstellung muß sich das Universum wie ein riesengroßer, unendlicher, dreidimensionaler Raum darstellen und uns zu der Frage verleiten: Könnte der Raum auch nichteuklidisch oder gar vierdimensional sein im Sinne eines Raum-Zeit-Kontinuums? Man mußte an dieser Frage scheitern, weil die Antwort nicht durch Messen zu finden ist, die Methode unserer derzeitigen Physik jedoch gerade darin besteht.

Drei Dimensionen und drei Geometrien. Gauß war wohl der erste, der in vollem Umfang erkannte, daß die euklidische Geometrie[1] nicht vollständig a priori begründet werden kann, im Gegensatz zur Arithmetik. Neben der Geometrie, in der die Summe der Winkel eines Dreiecks immer 180 Grad ergibt, müssen zwei weitere Geometrien existieren, was dann von J. Bolyai und N. I. Lobatschewskij ausgesprochen wurde. Gauß hatte vorsichtshalber geschwiegen, denn er sah kommen, daß die Erkenntnis, daß es drei Geometrien geben muß, zu der Frage veranlassen werde, welche denn die wahre sei. In der Tat kam es genau so. Statt zu begreifen, daß die Dreifachheit der Geometrie eine Notwendigkeit ist, geht der Kampf um die Frage, ob der Raum euklidisch ist oder nicht euklidisch, bis in unsere Tage weiter. Mit dem Habilitationsvortrag von B. Riemann von 1854 in Göttingen wurde das Problem des dreidimensionalen Raumes durch die analytische Betrachtung einer beliebigen n-dimensionalen Mannigfaltigkeit ungeheuer erweitert[2], mit Felix Kleins gruppentheoretischem "Erlanger Programm" waren dann die Grundlagen dafür gelegt, daß eine spätere Generation von Physikern zu kosmologischen Anschauungen gelangte, die in höchstem Maße zweifelhaft sind. n-dimensionale Räume, Probleme der nichteuklidischen Geometrie —

---

mit reinen Zahlengesetzen nichts anfangen. Infolgedessen spaltete sich die Naturwissenschaft in eine rein empiristische Richtung im Gefolge Newtons und eine idealistische Richtung (Rationalismus, dann deutscher Idealismus und Goethe) im Gefolge von Leibniz.

[1] Vgl. zum folgenden: Becker, Oskar: Grundlagen der Mathematik, a.a.O.

[2] A.a.O., S. 185.

das sind Probleme einer mathematischen Wissenschaft, die ja nicht leugnet, daß unsere Realität die drei räumlichen Ausdehnungen

Länge
Breite
Höhe

hat. Fügt man diesen jedoch eine vierte räumliche Ausdehnung hinzu, verstößt man gegen die Gesetze unserer alltäglichen Anschauung. Immanuel Kant[1] bringt die drei Dimensionen unseres Raumes in Zusammenhang mit dem reziproken Quadratgesetz:

> "Die Unmöglichkeit, die wir bei uns bemerken, einen Raum von mehr als drei Abmessungen uns vorzustellen, scheint mir daher zu rühren, daß unsere Seele ebenfalls nach dem Gesetz des umgekehrten doppelten Verhältnisses der Weiten die Eindrücke von außen empfängt ...
>
> ... drittens, daß dieses Gesetz willkürlich sei, und daß Gott dafür ein anderes, zum Exempel des umgekehrten [reziproken] **dreifachen** Verhältnisses, hätte wählen können; daß endlich viertens aus einem andern Gesetze auch eine Ausdehnung von anderen Eigenschaften und Abmessungen geflossen wäre."

Die Frage nach dem wahren Raum. Kant erkennt zwar später richtig, daß unser dreidimensionaler Anschauungsraum nicht der "wahre" Raum der Dinge ist, doch begeht er hier die jugendliche Torheit, von der Möglichkeit eines reziproken kubischen statt quadratischen Ausdehnungsgesetzes zu sprechen oder gar, wie Isaak Newton das auch behauptet hat, für Gott die Möglichkeit offen zu lassen, noch ganz andere willkürliche Gesetze für die Natur zu erlassen. Wenn Deutschlands größter Philosoph und Englands größter Gelehrter solche Torheiten (im Gefolge einer bloß transzendenten Gottesvorstellung) begehen durften, dann war denen, die später über die "vierte Dimension" schreiben würden, Tür und Tor geöffnet für den blanken Unsinn[2]. Man muß unterscheiden zwischen dem Gedanken

---

[1] Gedanken von der wahren Schätzung der lebendigen Kräfte, 1747.

[2] Die fröhliche Unerschrockenheit, mit der fach- wie populärwissenschaftliche Schriftsteller mit der Frage hantieren, wie sähe die Welt aus, wenn die Naturkonstanten anders wären, zeigt ein Ausmaß an wissenschaftlichem Unvermögen, wie es erst vom Standpunkt einer

eines Raumes mit vier räumlichen Ausdehnungen und dem eines drei-dimensionalen Raumes, der mit der Zeit als einer vierten Dimension verknüpft wird[1]. Mit der Entwicklung der speziellen Relativitäts-theorie durch Einstein, Poincaré und Lorentz forderte H. Minkowski in einem berühmt gewordenen Vortrag sogar eine Verschmelzung der drei räumlichen Ausdehnungen mit der Zeit[2]. Diese Theorie wurde vollendet durch C. H. H. Weyl und A. S. Eddington, die durch ihre Bücher "Raum, Zeit, Materie" und "Space, Time and Gravitation" zu einer weltweiten Verbreitung einer neuen "physikalischen Geome-trie" beitrugen.

Durch die Verschmelzung von Raum und Zeit erhält der Raum die Dimensionszahl 4. "Die vier Weltkoordinaten sind untereinan-der objektiv gleichberechtigt. Sie stellen also nicht verschiedenartige physikalische Größen dar[3]." Der gesunde Menschenverstand schließt aus, daß man Äpfel und Birnen addieren darf. Hier wird jedoch po-stuliert, eine derartige "Verschmelzung" sei erlaubt. Warum konnte sich diese Theorie so gut durchsetzen? Aus einem einfachen Grund: Die mathematische Rechnung stimmt, wegen einer Zahl, wegen der Zahl Vier (Vierer-Vektor).

Die Zahl 81. Interessanterweise veröffentlichte mit Weyl und Eddington fast gleichzeitig Leopold Pick ein Buch, in dem er ein che-misches Element als ein vierdimensionales Gebilde bezeichnete. Er behauptete, in einem vierdimensionalen Raum müsse es genau 81 chemische Elemente geben[4]. Da damals aber schon 83 Elemente be-kannt waren, machte er einen folgenschweren Fehler. Er unterschied nicht stabile und instabile Elemente. Um auf die gewünschte Zahl 81 zu kommen, hoffte er, daß sich zwei Elemente als zusammengesetzte Körper erweisen könnten. Solche Rechenspiele, die Weitzenböck eine "phantastische Gedankenbildung" nennt, führen aber nicht an der Frage vorbei, warum denn niemanden die von Pick eingeführte Zahl

---

mathematisch begründeten Erfassung der Naturkonstanten voll sicht-bar wird.

[1] Eine gute Besprechung dieser beiden Raumvorstellungen findet sich bei R. W. Weitzenböck: Der vierdimensionale Raum, Basel und Stuttgart 1956.

[2] Raum und Zeit, 1908.

[3] Weitzenböck, a.a.O., S.113.

[4] Die vierte Dimension als Grundlage des transzendentalen Idea-lismus, Leipzig 1920.

3^4 interessierte[1]. Ob Pick selber wohl ahnte, daß eines Tages ein anderer seine Behauptung wiederentdecken und beweisen würde? Doch daß mir dies just im Jahre 1981 gelingen würde, das hätte auch seine Ahnungen überstiegen

Das Fingerkreuz. Da für mich seit der Kindheit feststand, daß Raum und Zeit verschiedene Größen sind, liefen meine Überlegungen von vornherein anders. Wenn wir schon nicht die Geometrie des Raumes kennen, so wissen wir doch zweierlei: Im Raum gilt das Gesetz des reziproken Quadrates. Er transportiert elektromagnetische Wellen immer mit gleicher Geschwindigkeit, obwohl oder gerade weil er völlig leer ist. Da Cosinus- und Sinus-Anteile dieser Wellen senkrecht aufeinander stehen, kam ich schon als Schüler auf die Idee, durch meine senkrecht ineinander gesteckten, gespreizten Finger ein Kreuz zu formen und mir diese zwei ineinander stehenden Flächen anzuschauen. Welche Geometrie müßte ein solcher Körper haben, dessen vier Quadranten offen sind und für den es sinnlos ist, etwa eine dritte, waagerechte Ebene einzuführen, da diese Waagerechte den Raum lediglich halbieren und damit in acht dreidimensionale Körper verwandeln würde? Aber ich scheiterte an der Frage, was denn die "starre Rechtwinkligkeit" eines solchen, immerhin allseitig drehbaren (!) Viererraumes gewährleisten könnte.

Acht Primzahlen. Ich bin überzeugt, mir wird der Nachweis gelingen, daß der vierdimensionale Raum nicht nur dezimal angelegt ist, sondern selbst das Wesen des Dezimalsystems darstellt bzw. aus diesem folgt.

Da $1^2 = (-1)^4$ ist, gilt gleichzeitig

$$1^2 = i^8$$

---

[1] 1981 erschien in Deutschland ein Taschenbuch, "Isaac Asimovs Buch der Tatsachen". Der Autor, ein Chemiker, berichtet auf Seite 93: "Es gibt nur 81 stabile chemische Elemente", und des weiteren, daß alle anderen Elemente radioaktiv sind. Auf Seite 406 schreibt er: "Wenn wir elektromagnetische Strahlen in Oktaven einteilen, so wie wir die von einem Klavier erzeugten Schallwellen aufteilen, entdecken wir 81 Oktaven. Von diesen bildet die am besten bekannte elektromagnetische Strahlung, sichtbares Licht, genau eine Oktave." Die exakte Rechnung findet sich in Asimov: "Wege und Irrwege der Naturwissenschaft", Düsseldorf und Wien 1969. Bei der Energie und bei der stabilen Materie: zweimal dieselbe Zahl 81 — und er hat's nicht gemerkt.

Was mich an der achten Potenz von i so fasziniert, ist die Frage, ob ein Zusammenhang besteht zwischen diesem Exponenten 8 und der Anzahl der Primzahlen des ersten Kreises, die ja auch 8 beträgt. Diese

$$8$$

Primzahlen legen den unendlichen "Rest" des Primzahlkreuzes fest.

Durch die Quadratur liegen auf dem Zahlenstrahl, der mit der 1^2 beginnt, alle Quadrate der Zahlen, die sich auf den acht Strahlen befinden. All diese Quadratzahlen sind ad infinitum codiert. Dies ist wahrscheinlich deshalb niemandem aufgefallen, weil die Codierung aus zwei ineinandergesetzten Codes für die Füllzahlen besteht. Man kann ein Band solcher Quadrate schreiben, indem man gemäß den beiden Codes $0, 0, 1, 2, 3, 4, \ldots$ und $0, 2, 4, 6, 8, 10, \ldots$ (vgl. S. 28 ff.) die jeweilige Menge Füllzahlen abzählt. Für die bessere optische Herausstellung der Quadratzahlen werden die Füllzahlen durch Sternchen ersetzt:

$$1^2, 5^2, 7^2, *, *, 11^2, *, 13^2, *, *, *, *, 17^2, *, *, 19^2, *, *, *, *, *, *, 23^2,$$
$$*, *, *, 25^2, *, *, *, *, *, *, *, *, 29^2, *, *, *, *, *, 31^2, *, *, *, *, *, *, *, *,$$
$$*, *, 35^2, *, *, *, *, *, 37^2, *, *, *, *, *, *, *, *, *, *, *, *, 41^2, *, *, *, \ldots$$

Es läßt sich jetzt sehr einfach durch Abzählen herausfinden, an welchen Stellen die teilbaren Zahlen liegen. Und zwar muß sich, wenn wir zum Beispiel bei 7^2 beginnen, nach jeweils sieben Schritten eine durch sieben teilbare Zahl finden, hier das Produkt aus $7 \cdot 31$, sieben Stellen weiter folgt das Produkt aus $7 \cdot 55$. Dabei muß sich der andere Faktor jeweils um 24 vergrößern. Gehen wir zum nächsten Quadrat, der 11^2, so muß elf Zahlen weiter das Produkt $11 \cdot 35$ kommen und dann $11 \cdot 59$. Daran ist nichts Besonderes[1].

Wir verlassen jetzt das Band, das mit der 1^2 (genauer $1 \cdot 1^2$) beginnt, und ziehen die Bänder in Betracht, die sich von den übrigen sieben Primzahlen des Primzahlkreuzes ableiten: von 5, 7, 11, 13, 17, 19 und 23. (Genauer: von $5 \cdot 1^2$, $7 \cdot 1^2$, $11 \cdot 1^2$ usw.) Betrachtet man das Band der Zahlen, die mit der 23 beginnen, kann man eine interessante Entdeckung machen.

$$23, *, 23 \cdot 5^2, *, *, *,$$

---

[1] Ein ähnliches Verfahren, die teilbaren Zahlen von den Primzahlen zu trennen, geht auf Eratosthenes von Kyrene, 3. Jhdt. vor Christus, zurück.

$*, *, *, *, *, *, *, *, *, *, *, *, *, *, *, *, *, *, *, 23 \cdot 7^2, *, 47 \cdot 5^2, *, *, \ldots$

Die Perlschnur ohne Anfang und Ende. Die Produkte von Quadratzahlen sind auf dem 23er-Strahl ebenso codiert wie auf dem Strahl, der mit der 1 beginnt. Nur, was wie zwei nebeneinander beginnende Strahlen aussieht, ist in Wirklichkeit eine unendlich lange Perlschnur von Zahlen ohne Anfang und ohne Ende. Man kann nämlich vom rechten Zahlenstrahl (der mit 1^2 beginnt) direkt in den linken (der mit 23 beginnt) hineinzählen:

$$\ldots 215, 191, 167, 143, 119, 95, 71, 47, 23 \underline{} 1^2, 5^2, 7^2, 73, 97, 11^2, \ldots$$

Zählt man nämlich von der 5^2 an nicht nach rechts weiter, sondern nach links, trifft man nach fünf Schritten auf das erste durch fünf teilbare Produkt (95). Wie heißt nun der andere Primzahlfaktor der 95? Man braucht jetzt nicht zu dividieren, sondern muß sich daran erinnern, daß die Zahlen auf dem rechten Strahl von oben nach unten immer um 24 kleiner werden. Demzufolge muß einer der beiden Primfaktoren der Zahl 5^2, wenn vom rechten in den linken Strahl hinübergezählt wird, um 24 kleiner werden. Fünf minus 24 ist minus 19. Das Minuszeichen interessiert in diesem Zusammenhang nicht. Wir haben damit den zweiten Primfaktor des Produktes 95. Er lautet 19.

Zählen wir von der 7^2 sieben Schritte weiter in den linken Strahl, muß mit der 119 ein Primzahlprodukt vorliegen, das durch 7 teilbar ist. Ohne eine Teilung durchzuführen, können wir jetzt sofort sagen, daß der andere Primzahlfaktor 17 sein muß. Denn es ist $7 - 24 = -17$.

Nachdem wir jetzt, als drittes Beispiel, elf Schritte von der 11^2 an rückwärts gezählt haben, gelangen wir zu einer Zahl, deren Primfaktorzerlegung 11 und 13 sein muß ($11 - 24 = -13$).

Damit haben wir alle acht Primzahlen vorliegen, die dieses unendliche Zahlenband codieren. Wir haben mit der 1 und der 23 zwei Primzahlen, die als solche von vornherein festliegen. Da die Stellungen der 5^2, 7^2 und 11^2 codiert sind, erhalten wir die sechs noch fehlenden Primzahlen

$$5, 7, 11, 13, 17, 19$$

einfach aus dem Code der Quadrate der Primzahlen. Mehr als

8

Primzahlen werden für das unendliche Band überhaupt nicht benötigt. Weiß man einmal, wo diese 8 liegen, sind alle unendlich vielen Produkte auf dem Band in ihrer Stellung codiert. Denn weiß man beispielsweise, wo 7 und 17 liegen, gilt für die 7 nach rechts hin, daß sieben Stellen weiter das Produkt aus $7 \cdot (17 + 24) = 7 \cdot 41$ steht und siebzehn Stellen weiter das Produkt aus $17 \cdot (7 + 24) = 7 \cdot 31$. Diese gewonnene 31 ist gleichwohl, sowohl nach rechts wie nach links, wieder als Basisfaktor durchzählbar. 31 Zahlen nach links bildet sie auf der anderen Seite einen der Primfaktoren für $217 = 7 \cdot 31$. Von dort weitergezählt, kommt man nach weiteren 31 Schritten auf die 31^2. Zählt man 31 Zahlen nach rechts, wird aus der $17 \cdot 31$ das Produkt $(17 + 24) \cdot 31 = 41 \cdot 31$.

Es spielt nun überhaupt keine Rolle, ob die beiden letztgenannten Zahlen 41 und 31 Primzahlen sind. Sie sind Faktoren und kommen hier nur als solche in Betracht. Ein Produkt ist ohnehin nie eine Primzahl. Ob die Zahlen 31 und 41 selber Primzahlen sind, wird an einer ganz anderen Stelle des Primzahlkreuzes festzustellen sein.

Die übrigen sechs Strahlen sind in gleicher Weise drei unendliche Zahlenschnüre ohne Anfang und Ende, womit sich im ganzen vier so verbundene Zahlenbänder ergeben.

Unendliche Zahlenbänder. Die vier Reihen haben folgenden Verlauf:

$$\ldots 95, 71, 47, 23 \underline{\qquad} 1, 25, 49, 73, \ldots$$
$$\ldots 91, 67, 43, 19 \underline{\qquad} 5, 29, 53, 77, \ldots$$
$$\ldots 89, 65, 41, 17 \underline{\qquad} 7, 31, 55, 79, \ldots$$
$$\ldots 85, 61, 37, 13 \underline{\qquad} 11, 35, 59, 83, \ldots$$

Alle Produkte von Zahlen auf einer dieser vier Reihen, zum Beispiel $29 \cdot 53$ oder $67 \cdot 53$, befinden sich auf dem ersten Band, das durch die 23 und die 1 miteinander verbunden ist. All diese unendlich vielen Zahlen, die auf diese Weise durch Multiplikation entstehen, können keine Primzahlen sein. Ob die Faktoren dieser Produkte Primzahlen sind, spielt keine Rolle. Nun kommen aber auf dem ersten Band auch Zahlen als "Produkte" vor, die primzahlig sind, da von den 8 Primzahlen, auf die es überhaupt nur ankommt, eine Zahl die 1 ist. Es ist interessant zu fragen, warum überhaupt immer wieder Primzahlen auf diesem Band auftreten können. Wenn alle Produktkombinationen der vier Bänder einen einzelnen freien Platz für sich in Anspruch nehmen würden, ebenso alle Quadrate und deren Produkte, wäre für Primzahlen überhaupt kein Platz da. Nun sieht man aber durch Abzählen, daß immer wieder Primfaktoren dadurch "verbraucht" werden, daß eine Zahl als Mehrfachprodukt verschiedener Zahlen auftritt, im einfachsten Fall: $455 = 5 \cdot 91$ und ebenso $13 \cdot 35$. Dies ist eine Bedingung dafür, daß es immer wieder Plätze gibt, wo keine Produkte stehen können, sondern Primzahlen stehen müssen.

Die lineare Verteilung der Primzahlen, wie sie heute, im linearen Gebäude der Zahlen, verstanden wird, läßt keine Gründe für die Unendlichkeit der Primzahlen — einen der ältesten Beweise der Mathematik — erkennen. Die Ausbreitung der Zahlen auf dem Primzahlkreuz verläuft aus der Struktur der vier Zahlenzwillinge heraus geordnet. Die mit der Ausbreitung der Zahlen verbundene unendliche räumliche Ausdehnung (Geometrie) läßt überhaupt erst erkennen, daß die Primzahlen nie aufhören können. Gleichzeitig läßt sich hier schon ahnen, daß die Abnahme der Primzahlen etwas mit Ordnung zu tun haben muß, also mit der Naturkonstanten e. Dazu weiter in Kapitel 9. Eine Konsequenz dieser Einsicht ist die hierdurch erst mögliche innere Verknüpfung der Zahlen mit der Geometrie.

Betrachten wir noch einmal die beiden Füllzahl-Codierungen $0, 0, 1, 2, 3, 4, \ldots$ und $0, 2, 4, 6, \ldots$ Diese ziehen offensichtlich die Folge der Quadrate auf dem Band gerade so auseinander, daß in einem bestimmten Streckenabschnitt nicht nur auf der linken Seite, sondern auch auf der rechten Seite produktfreie Plätze geschaffen werden, weil durch die Produkt-Kombinatorik zunehmend Mehrfachprodukte entstehen. Die produktfreien Plätze sind nichts anderes als die Primzahlen. Eine streng kombinatorische Durchführung für das erste Band sowie für die anderen Bänder würde den Rahmen des hier Möglichen sprengen.

Neufassung des Primzahlproblems. Es ist von den Mathematikern unendlich viel Fleiß darauf verwendet worden, eine Erkennungsregel für Primzahlen zu finden. Das andere viel behandelte Problem ist der Versuch, eine Regelmäßigkeit im Auftreten der Primzahlen zu entdecken. Wie man das Problem der linear verteilten Zahlen auch immer angeht — in den Primzahlen gibt es keine derartige Ordnung. Könnte man sich vom Betrachter linear verlaufender Zahlen zum Mittelpunkt eines unendlichen Raumes machen, würde sich das Problem von einem linearen in ein Flächenproblem verwandeln. Die Verteilung der Primzahlen auf der Ebene des Primzahlkreuzes ist auf eine einzige Art für alle unendlichen Primzahlen geordnet: einerseits durch die acht Primzahlen des ersten Kreises, andererseits durch die Quadratur dieser acht Primzahlen. Wir lassen also das Problem der Erkennung von Primzahlen im linearen Nacheinander als falsch gestellt und daher als unlösbar fallen. Stattdessen wurde hier eine

Regel der Generierung (Erzeugung) der Primzahlen in der Fläche des Zahlenkreuzes umrissen.

Das grundsätzliche Problem der Zahlentheorie, deren moderne Auswüchse ohnehin von allem Möglichen handeln, nur nicht von den natürlichen Zahlen, ist die gängige Definition der Primzahlen: Erstens, Primzahlen sind nur durch sich selbst und durch 1 teilbar. Zweitens, die Folge der Primzahlen lautet 2, 3, 5, 7 usw. Drittens, die 1 ist keine Primzahl. Viertens, Primzahlen werden nicht als ableitbar von einer Urzahl angesehen, wobei eine Diskussion hierüber gar nicht existiert.

Von diesen Sätzen können wir nur den ersten weiterhin akzeptieren, wobei die Teilbarkeit durch die 1 sofort die besondere Beziehung der Primzahlen zu ihr als der Ur-Primzahl sichtbar macht. Wir halten den Faktor 1 des Produktes $1 \cdot 1^2$ also selbst für eine Primzahl. Diese Grundzahl aller Zahlen, insbesondere der Primzahlen, per definitionem zur Nicht-Primzahl zu erklären, halten wir für ein Symptom der ganzen Hilflosigkeit der gegenwärtigen Mathematik. Der Widerspruch zwischen der bisherigen Primzahldefinition und der in der vierdimensionalen Mathematik erforderlichen Definition wird in Kapitel 9 aufgelöst werden.

Fünf Zahlenzwillinge. Wenn wir die beiden Seiten des ersten der obigen Bänder u-förmig gegeneinander biegen (mit der 1 als Wendepunkt), treten sich die Primzahlzwillinge auf den beiden Ästen des U gegenüber, zum Beispiel[1] 71 und 73 oder 1031 und 1033. Die Vermutung, es gebe unendlich viele solcher Primzahlzwillinge, liegt nahe. Mathematisch beweisen konnte sie bis heute niemand. Bewiesen ist lediglich, daß es unendlich viele Zwillinge gibt, bei denen die eine Zahl eine Primzahl ist und die andere Zahl aus zwei Primfaktoren besteht. Der endgültige Beweis für unendlich viele Primzahlzwillinge entzieht sich unseren bisherigen mathematischen Vorstellungen, genauso wie die Gründe für die logarithmische Verteilung der Primzahlen, die Fermatsche Vermutung und das Vierfarbenproblem.

Die neue Betrachtungsweise lehrt die vier Probleme in einem ganz anderen Licht zu sehen. Sie müssen gerade deswegen existieren

---

[1] Das rechnerische Erfassen, auf welchem der acht Teilbänder eine ungerade, nicht durch 3 teilbare Zahl liegt, läßt sich einfach mittels Teilen durch 24 durchführen, da es für die unendlich vielen Zahlen dabei nur insgesamt acht Restwerte gibt. Beispiel: 1033 durch 24 ergibt den Restwert $0,4166\ldots$, den alle Zahlen auf demselben Band besitzen.

und mit der heutigen Mathematik unlösbar sein, weil uns bis heute das Wesen der Zahlen unbekannt ist.

Der Gedanke, das Wesen des Primzahlraumes auf acht Primzahlen zu beschränken, hat eine Konsequenz: Zu den vier Primzahlzwillingen kommt noch der eine Zwilling der nullten Schale, somit sind es zusammen zehn Zahlen oder fünf Zahlenzwillinge. Da ist sie, die "Handvoll" Primzahlen des Princeps Mathematicorum C. F. Gauß.

Hat er es so genau gewußt oder nicht?

Kapitel 4

Theoretische Physik

Der kleine Gauß. Als Junge hörte ich in der Schule erstmals, wie der Lehrer des kleinen Gauß dessen mathematische Begabung entdeckt hat. Er stellte der Schulklasse die Aufgabe, die Zahlen von 1 bis 100 zu addieren, in der Annahme, seine Schützlinge würden über dieser Aufgabe wohl längere Zeit schwitzen, während er selbst ein wenig pausieren könne. Aber der kleine Mathematicus zählte einfach erste und letzte Zahl zusammen und multiplizierte diesen Wert mit 50. Den Wert

5050

schrieb er auf seine Schiefertafel und legte sie dem verdutzten Lehrer hin.

Ich hatte mir bis dahin keine Gedanken darüber gemacht, was die Addition der Zahlen von 1 bis 10, Summe 55, der Zahlen von 1 bis 100, Summe 5050, bzw. 1 bis 1000, Summe 500500, ergibt. Aber eigentlich war ich enttäuscht, daß bei der Aufgabe von Gauß nicht eine runde Zahl herausgekommen war, also vielleicht glatte

5000

Denn bei der Multiplikation einer Zahl mit 100 entstehen ja auch schöne runde Werte. Dann vergaß ich die ganze Geschichte.

Wohin gehört die letzte Zahl? Was aber hätte der junge Gauß herausgefunden, wenn er sich die Frage gestellt hätte:
"Wohin gehört eigentlich die letzte 100? Gehört sie zur Gruppe der Zahlen, die mit 99 enden oder zu der, die mit 101 anfängt?"
Sie gehört zu beiden. Ich würde sie durch zwei teilen und sie gerecht an beide verteilen. Dann wäre die Summe eine andere, eine schöne runde Zahl, nämlich

5000

Wenn bei dieser Art, die letzte Zahl zu halbieren, für die Summe von 0 bis 1000 genau 500000 herauskommt, muß sich für die Summe von 0 bis 100 gerade ein hundertmal kleinerer Wert ergeben, nämlich 5000. Für die Summe von 0 bis 10 ergibt sich wieder ein hundertmal kleinerer Wert, nämlich 50. Dann muß sich für die Summe von 0 bis 1 wieder ein hundertmal kleinerer Wert ergeben, nämlich 0,5. Das klingt paradox. Denn wenn man 0 und 1 einfach zusammenzählt, ergibt das ja 1. Aber eine solche Rechenaufgabe hat mit der vorherigen Überlegung nichts zu tun.

Zwei Rotationsachsen. Beim Primzahlkreuz, dem Multiplikationsraum, habe ich zeigen können, daß es neben den Potenzen von 100 einen Grundfaktor gibt, die Zahl

3

Nun wird mir klar, daß die Addition auch einen Grundfaktor besitzt, neben den Potenzen von 100, nämlich die Zahl

5

Da erkenne ich, daß mein Atommodell, die Verknüpfung von Punkt und Primzahlraum, gleichzeitig die Verknüpfung des additiven Rechnens mit dem Gedanken der Multiplikation ist. Ich habe mich nämlich schon lange damit beschäftigt, daß ein Zahlenkreis genau wie ein Kernteilchen eine Drehachse besitzen muß, wenn er sich dreht. Doch in welchem Punkt könnte diese zentriert sein? Es gibt nur zwei Hauptachsenstellungen, wenn ich um den Kreis ein Viereck lege. Die erste Achse verläuft durch die 24 und die 12.

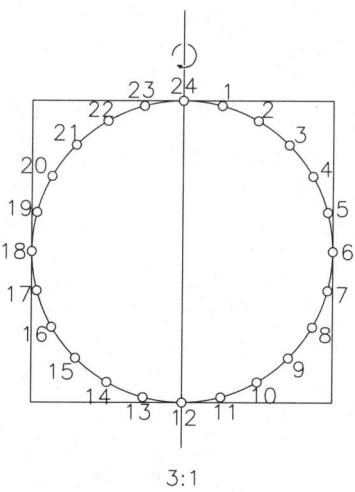

3:1

Abbildung 13

Die andere Achse geht durch die 3 und die 15. Von den beiden Zentrierungsmöglichkeiten, die ein Quadrat zuläßt, ist nur die zweite geometrisch sinnvoll, denn das Eineck über der 3 ist klappsymmetrisch die Spiegelung des Mittelpunktes. Würde sich der Kreis um die erste Achse drehen, müßte sein Spin einen zahlentheoretischen Wert von 1 zu 3 haben. Denn die Summe der Zahlen 0 bis 11 und der Hälfte der 12 ergibt 72. Die Zahlen auf der linken Seite des Kreises lauten 6, 13, 14, 15, 16, 17, 18, 19, 20, 21, 22, 23 und 12. Die letzte 12 stellt die Hälfte der Zahl 24 dar. Die andere Hälfte, die eigentlich die rechte Seite besitzen müßte, aber nicht besitzen darf, fehlt, das heißt, die kleinere Summe ist um 12 ärmer. Das Verhältnis der Summen beträgt 216 zu 72, also

$$3 : 1$$

Nun zum Zahlenkreis mit der anderen Zentrierachse, der einzig stabilen.

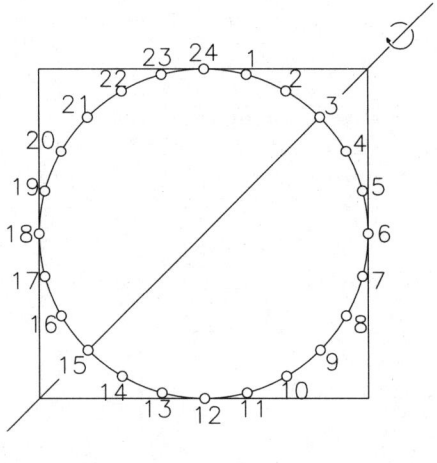

2:1

Abbildung 14

Zentrierung der Zahlenkreise. Der untere Halbkreis beginnt mit der 3 und endet mit der 15. Von beiden Zahlen darf ich jeweils nur die Hälfte mitaddieren. Die Summe der Zahlen 1.5, 4, 5, 6, 7, 8, 9, 10, 11, 12, 13, 14 und 7.5 beträgt 108. Die Zahlen des oberen Halbkreises lauten 7.5, 16, 17, 18, 19, 20, 21, 22, 23, 24, 1, 2, und 1.5. Ihre Summe beträgt 192. Doch halt, ich muß noch den Wert 12 abziehen, jedoch nicht von der Zahl 24, die ist ja gar nicht mehr die letzte Zahl. Trotzdem ist der Wert 12 derselbe. Ich muß ihn von dem Halbkreis mit der kleineren Summe abziehen. Dann lautet das Verhältnis der beiden Summen der Halbkreise

$$192 : (108 - 12) = 192 : 96$$

2 : 1

oder, weil wir den Bruch umkehren dürfen,

1 : 2

Da bewiesen ist, daß Kernteilchen den Drehspin

$$\frac{1}{2}$$

haben, kann ich jetzt beweisen, daß dieses geometrische Modell in sich zwei geometrische Konstanten vereinigt. Einmal über die Halbkreise mit dem Dezimalwert $0,5 = \frac{1}{2}$, der um eine Dezimalstelle verschoben der additiven Dezimalkonstanten

5

entspricht, zum anderen über das geometrische Verhältnis von Eineck zu Viertelkreis

0, 2732

Der Drehimpuls. Diese beiden geometrischen Konstanten addieren heißt, sie zusammenzuschmieden. Wenn ich jetzt noch beweisen kann, daß zwischen den beiden Konstanten ein Zahlenfaktor steht, durch den sie sich voneinander unterscheiden, nämlich die Zahl 10, darf ich sie addieren und erhalte den Wert

0, 52732

der exakt dem Wert entspricht, der in unzähligen Meßversuchen für den Drehimpuls der drei Kernteilchen gefunden worden ist. Dann hätte ich ihn theoretisch abgeleitet, den Wert

$$\frac{h}{4\pi}$$

Das cgs-System. Dann hätte ich recht mit meiner Vermutung, daß jenes Maßsystem — Zentimeter, Gramm, Sekunde —, das Gauß eingeführt hat, genau das System ist, in dem die Natur selbst angelegt ist. Wie sollte aber Gauß so etwas zufällig finden? Mit dem Gramm und dem Zentimeter griff Gauß doch nur auf jenes Meter und Kilogramm zurück, deren Einführung die französische Nationalversammlung beschlossen hatte. Die Parlamentarier hatten damals einer Gesetzesvorlage zugestimmt, sodann wurden das Urmeter und das Urkilogramm von Mechain und Delambre angefertigt. Etwas Willkürlicheres kann man sich doch kaum vorstellen. Und die Zeiteinteilung? Sie ist keineswegs willkürlich. Die Babylonier nahmen den Tag, die Dauer einer vollen Umdrehung der Erde, und teilten diese Zeit zuerst durch 24 und durch 3600. Die letzte Zahl ist das Produkt aus den Quadraten der pythagoräischen Zahlen

$$3^2 \cdot 4^2 \cdot 5^2$$

Drehimpuls reine Geometrie. Jahrelang habe ich bei der theoretischen Ableitung des Planckschen Wirkungsquantums meine Theorie Schritt für Schritt ausgebaut. Stellen wir doch einmal die umgekehrte Frage: Kann es Zufall sein, daß so viele Einzelbeobachtungen sich zum Schluß zu einem so logischen und klaren geometrischen Ergebnis formen? Die Kernteilchen müssen irgendwoher den Zahlenwert für ihren Drehimpuls beziehen. Den können sie nur aus sich selbst beziehen. Auf die Materie, aus der sie bestehen, kommt es dabei nicht an. Denn alle drei haben den gleichen Drehimpuls. Übrig bleibt nur die Form, und das ist Geometrie.

Vierdimensionale Rechenregeln. Eine vierdimensionale Mathematik muß andere Rechenregeln besitzen als die uns geläufige klassische Mathematik. Eine dieser neuen Regeln habe ich schon eingeführt. Für die Summe der geometrischen Erweiterungszahlen, der Faktoren 0 und 1, gilt die Regel

$$0 + 1 = 1^2 \qquad \textit{(Produktregel)}$$

Diese eigentümliche Rechenregel ergibt sich einfach aus der dezimalen Natur des Primzahlkreuzes. Jetzt stellt sich natürlich die Frage, welche Regel für die Addition von Null und Eins gilt, wenn diese Unomal-Zahlen sind. Ich habe schon abgeleitet, daß die letzte Zahl, die 1, halbiert werden muß, da ihre andere Hälfte der Summe der Zahlen $2 + 3 + 4 + \ldots$ gehört. Für die Summe aus 0 und $+1$ ergibt sich

$$0 + 1 = \frac{1}{2} \qquad \textit{(Additionsregel)}$$

Die umgedrehte 1, die −1, entsteht durch Spiegelung im vierdimensionalen Raum. Für die Summe aus 0 und −1 ergibt sich

$$0 + (-1) = -\frac{1}{2} \qquad (\textit{Subtraktionsregel})$$

Diese Naturkonstante

$$\pm\frac{1}{2}$$

stellt den Spinwert für die drei Kernteilchen dar.

Betrachten wir nun das Spiegelbild folgender Zeichnung im rechtwinkligen Raumspiegel, so ergibt sich diesmal für das Verhältnis der Zahlensummen auf den Halbkreisen 1,5 zu 1. Die Quotienten $\frac{1}{2}$ und $\frac{3}{2}$ lassen sich durch Subtrahieren mit −1 umformen zu den Ausdrücken

$$\pm\frac{1}{2}$$

Damit bin ich bei meinen Überlegungen zum Wesen des Planckschen Wirkungsquantums am Ziel eines langen Weges angekommen.

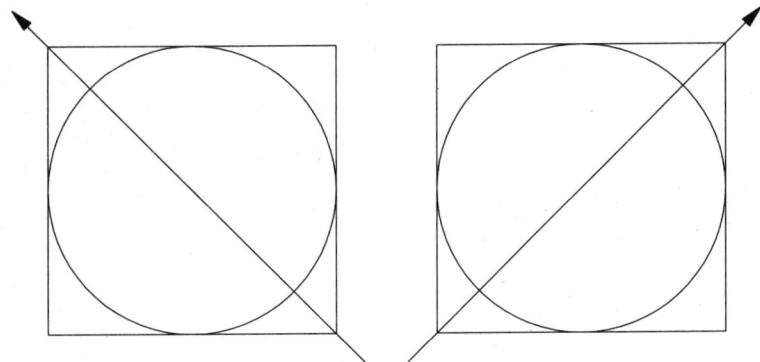

Abbildung 15

Der Faktor 10 und das Wirkungsquantum. Ich war davon ausgegangen, daß hinter dem Planckschen Wirkungsquantum zwei Naturkonstanten stecken müßten. Nun kann ich das beweisen. Die Naturkonstante $\frac{1}{2}$ habe ich aus dem Wesen der Addition abgeleitet. Wenn ich sie mit dem Wert

$$\frac{4 - \pi}{\pi}$$

verknüpfen will, muß ich beachten, daß die Zahl **0,2732** eine Dezimalzahl ist. In der vierdimensionalen Mathematik unterscheiden sich Unomal-Zahlen von Dezimal-Zahlen gerade dadurch, daß zwischen den beiden der Faktor bzw. Quotient

$$10$$

steht. Folglich erhalten wir für den Wert der beiden miteinander verknüpften Naturkonstanten den Wert

$$0,52732$$

Multipliziert man diesen theoretisch abgeleiteten Wert mit der Naturkonstanten $4 \cdot \pi$, erhält man den Wert

$$6,626\ldots$$

Dieser Wert steht in allen modernen Physikbüchern für den Faktor des von Planck gefundenen Wirkungsquantums. Die beiden geometrischen Modelle,

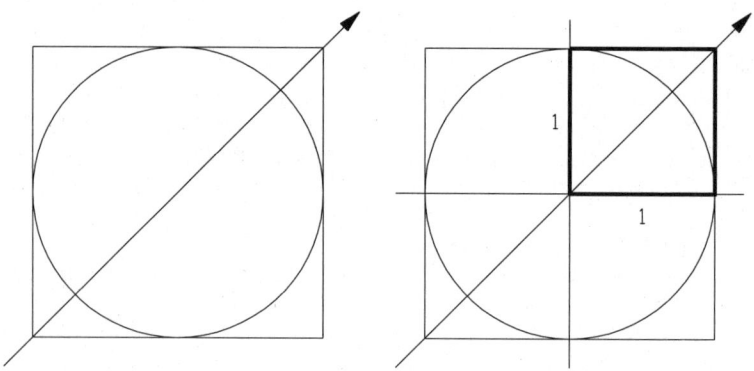

Abbildung 16

aus denen ich den Wert für den Drehimpuls der drei Kernteilchen abgeleitet habe, seien an dieser Stelle noch einmal nebeneinander gezeigt. Sie bilden Räume um einen Punkt herum. Die drei Kernteilchen, das Proton, das Neutron, das Elektron, stellen mathematische Punkte dar, die von Räumen umgeben sind, die geometrische

Struktur besitzen. Die Vorstellung, daß die Kernteilchen sich selber drehen, wird aufgegeben und ersetzt durch die Drehbarkeit des sie umgebenden Raumes. Die linke Zeichnung führt zur Ableitung des geometrischen Spins 1/2. Die rechte Zeichnung stellt die geometrische Möglichkeit dar, den Spin zu zentrieren, durch Addition zweier geometrischer Konstanten. Die Vorstellung, daß Kernteilchen sich wie Kreisel drehen, war naiv und ist physikalisch nie bewiesen worden. Die Rechnung hat zu Widersprüchen geführt[1]. Übrig bleibt die Frage, wie es möglich ist, daß ich den Wert einer Naturkonstanten rein theoretisch ableiten konnte. Vielleicht finde ich eine Antwort auf diese Frage, wenn ich herausfinde, was das ist, die Zeit und — die menschliche Geschichte.

Die geheimnisvolle Formel. Indem ich endlich eine Vorstellung entwickelt habe, welches Geheimnis sich hinter den Naturkonstanten c und h verbirgt, bin ich jetzt auch weitergekommen mit meinen Überlegungen zu den mathematischen Grundkonstanten

$$e, i, \pi$$

Da ich die Wurzel aus -1 schon zur Grundlage eines Primzahlkreuzes oder besser: eines Primzahlraumes gemacht habe, müßten sich e und π auch entschlüsseln lassen, und zwar auf eine völlig neue Weise.

Solange man die Dezimalzahlen $2,17\ldots$ und $3,14\ldots$ auf ihre unendlich vielen Dezimalstellen hin untersucht, läuft mathematisch alles auf die Frage hinaus, ob diese Zahlen transzendent sind. Die schwierigen Beweise konnten schon im vorigen Jahrhundert erbracht werden. Aber da ist noch etwas: Diese beiden Zahlen sind auf eine verblüffende Weise miteinander verknüpft. Nicht nur das, sie sind auch noch mit der dritten mathematischen Konstanten, mit i, vereint, was sich so völlig unserem Verstehen entzieht, daß man nicht zu lange darüber nachdenken darf. Die geheimnisvolle Formel, die wichtigste mathematische Formel überhaupt, lautet:

$$e^{i \cdot \pi} = -1$$

---

[1] Der Spin wird oft so dargestellt, als ob das Teilchen ein schnell drehender Kreisel wäre. Für jeden in Frage kommenden Radius wäre dann die Geschwindigkeit auf der Teilchenoberfläche größer als die Lichtgeschwindigkeit, weshalb dieses Bild nicht haltbar ist. Vgl. Frauenfelder, H. und Henley, E. M.: Teilchen und Kerne, München 1974, S. 89.

Drei mathematische Konstanten, jede für sich ein gedankliches Monstrum, bilden zusammen eine schöne glatte Zahl! Und niemand weiß, warum. Es läßt sich eben nur — für Mathematiker einfach — ableiten, daß das so sein muß. Während ich früher angenommen hatte, daß sich eine solche Formel für immer unserem Verstehen entziehen muß, dachte ich jetzt anders darüber.

Etwa zwei Jahre zuvor hatte ich E. T. Bells Buch "Die großen Mathematiker" gelesen. Der Autor geht deutlich abfällig um mit den beiden Mathematikern, die in den Zahlen mehr sehen als eine menschliche Erfindung, mit Hermite und Kronecker. Nicht zufrieden mit dieser Kritik an den beiden Großen, muß er seine Dummheit noch einmal richtig unter Beweis stellen gegen Ende seines Buches, indem er all die Leser warnt, die immer noch an ein verborgenes Geheimnis in der Mathematik glauben. Er empfiehlt ihnen, statt sich mit solch unnützen Gedanken zu beschäftigen, sollten sie lieber einmal lösen, was sich hinter der Formel

$$e^{i \cdot \pi} + 1 = 0$$

verberge. In dieser Formel würden sie alle stecken, die Zahlen

$$-1, 0, +1$$

und die Konstanten

$$e, i, \pi$$

Die ganze Mathematik in einer Formel! Während ich schon auf den Lippen habe: "Versuch's doch mal selber, du Narr!", schweige ich plötzlich betroffen. Mir wird schlecht, so stark packt mich die Erkenntnis, daß der Mann in dem Punkt ja recht hat. Wie immer die Lösung des Welträtsels aussehen mag — an dieser Formel kommt niemand vorbei, der die Lösung sucht. Wenn mich der eine, der behaupten würde, er habe das Welträtsel gelöst, aufsuchen würde, ich würde ihn freundlich fragen: "Was ist Materie? Was ist der Mensch? Warum gilt in diesem Universum $e^{i \cdot \pi} = -1$?"

Die Welträtsel. Der Begriff "Welträtsel" stammt von Emile du Bois-Reymond[1]. Er vertrat die mechanistische Auffassung der Natur

---

[1] Professor der Physiologie. In einer aufsehenerregenden Rede, die er 1880 in der Leibniz-Sitzung der Berliner Akademie der Wissenschaften hielt, unterscheidet er sieben Welträtsel: 1. Das Wesen

unter Ablehnung einer geheimnisvollen "vis vitalis". Von ihm stammen die Worte "ignoramus et ignorabimus" bezüglich der Grenzen unserer Erkenntnis[1]. Einer der letzten großen Mathematiker, David Hilbert, hat diese Aussage als unerträglich empfunden und sie sein Leben lang bekampft. Nach seinem Tod, noch vor Ende des zweiten Weltkrieges, geriet das Problem in Vergessenheit. Ernst Haeckel hat in seinem Buch "Die Welträtsel" versucht, du Bois-Reymonds wichtigstes Rätsel, das "Wesen von Materie und Kraft", das Substanzrätsel, als gelöst zu betrachten. Indem er die Frage unterschlägt, wo die Substanz herkommen mag, versucht er, die Entdeckung und Formulierung des kosmologischen Grundgesetzes, nämlich das chemische Gesetz von der Erhaltung des Stoffes und das physikalische Gesetz von der Erhaltung der Kraft, als Lösung des Substanzrätsels darzustellen. Diese unerträgliche geistige Haltung, den Stoff oder die Substanz, die Atome, einfach vorauszusetzen oder sie in unserer Zeit durch einen Urknall herbeizuzaubern, um ihre Existenz dann durch Naturgesetze, die wir durch Messungen erhalten haben, zu erklären, hat mich mein Leben lang ratlos gemacht. Es wird Aufgabe späterer Geschichtsforschung sein, herauszufinden, warum nicht wenigstens die Philosophen da eingegriffen haben.

Die Aktualität des Höhlengleichnisses. Platon hat mit seinem Höhlengleichnis[2] unsere ganze Geschichte vorausgesehen. Jede neue Generation gebildeter Menschen hat das Höhlengleichnis kennengelernt. Niemand hat daran gedacht, daß die Aussage dieses Gleichnisses auch bedeutet, daß es selbst von niemandem wirklich verstanden werden kann, solange die Menschen nicht die Wahrheit erfahren, solange sie das Gleichnis noch in der Höhle hören.

Die Menschen leben gefesselt unter der Erde, durch die Fesseln gehindert, den Kopf zu wenden. Hinter ihnen tragen

---

von Materie und Kraft. 2. Den Ursprung der Bewegung. 3. Die erste Entstehung des Lebens. 4. Die anscheinend absichtsvoll zweckmäßige Einrichtung der Natur. 5. Das Entstehen der einfachen Sinnesempfindung und des Bewußtseins. 6. Das vernünftige Denken und den Ursprung der damit eng verbundenen Sprache. 7. Die Frage nach der Willensfreiheit. Von diesen sieben Welträtseln erklärt du Bois-Reymond drei für ganz transzendent und unlösbar: 1., 2. und 5. Das 3., 4. und 6. hält er für schwierig, aber lösbar. Beim 7. legt er sich nicht fest (vgl. Haeckel, E.; a.a.O. S. 26 f.).

[1] Wir sind unwissend und werden unwissend bleiben.

[2] Staat, 7. Buch.

Unbekannte bald redend, bald schweigend Geräte vorbei. Durch das Licht eines Feuers sehen die Gefesselten von den Dingen nur die Schatten und fassen die gehörten Worte als Worte der Schatten auf. Einer der Menschen darf aufstehen und den Kopf wenden. Aber das Licht blendet ihn. Er glaubt, die Schatten seien die Wirklichkeit und wahrer als das Licht, das ihn schmerzt. Aber er wird gezwungen, nach oben zu kriechen, und er erblickt die Wirklichkeit, nachdem er sich unter Schmerzen an den Glanz gewöhnt hat. Er sieht die wirklichen Gegenstände, die Sonne bei Tag, Mond und Sterne bei Nacht. Er sieht nicht mehr bloß die Schatten, wie die unten in der Höhle. Dort gibt es Ehren und Auszeichnungen für diejenigen, welche die Schatten der vorübergetragenen Gegenstände am schärfsten wahrnehmen und am besten erinnern und aufgrund dessen das künftig Eintretende am besten erraten können. Selbst von der Trugmeinung geheilt, will er die anderen befreien. Aber wieder dort unten in der Dunkelheit, kann er, vom neuen Licht verändert, kaum etwas sehen. Er kann mit der Deutung der Schattenbilder, mit den Gefesselten, nicht mehr wetteifern. Er wirkt lächerlich, und sie sagen, daß das Aufsteigen die Augen verderbe. Und wenn er es wage, sie nach oben zu bringen, würden sie ihn töten[1].

Dieses wohl einzigartige Gleichnis der Weltliteratur hat Sokrates dem Freund Glaukon erzählt. Liest man die Sätze: "Wenn es damals unter ihnen gewisse Ehrungen und Lobpreisungen und Auszeichnungen gab für den, der die vorübergehenden Gegenstände am schärfsten wahrnahm ...", so meint man, Sokrates spreche von unserer Zeit. Dieser Sokrates entdeckte die erste Wahrheit, zu der wir überhaupt gelangen können. "Ich weiß, daß ich nichts weiß." Natürlich hat man ihn getötet, wie er es vorausgesagt hat in seinem Gleichnis. Das Substanzrätsel, an dessen Lösung in unserer Zeit pikanterweise in großen unterirdischen Anlagen gearbeitet wird, hat sich in geradezu irrsinnigem Ausmaß in ein Schattenproblem verwandelt. Sie können da unten in ihren Höhlen die Teilchen, die sie aufeinanderschießen, niemals sehen. Was die riesigen Fotografien zeigen, sind ja nur die Spuren in Tanks mit flüssigem Wasserstoff. Wer die Bahnen, die diese Teilchen mit ihren griechischen (!) Buchstaben hinterlassen, am schärf-

---

[1] Nach Jaspers, Karl: Die großen Philosophen, Erster Band, München 1988, S. 274 f.

sten wahrnimmt "und auf Grund dessen am sichersten das künftig Eintretende zu erraten" versteht, wird geehrt und anerkannt. Wenn einer wie ich käme, herunter zu ihnen in ihre Höhlen, und ihnen mitteilen würde, daß ich eine Vermutung habe, was hinter der Existenz der Materie, hinter der Substanz, wirklich steckt, würden sie mich festnehmen lassen und lachend an ihre Arbeitsplätze zurückkehren. Doch wüßten sie gar, daß ich die Wahrheit herausgefunden hätte und somit von heute auf morgen ihre hochbezahlten Pöstchen in Gefahr wären, mein Leben wäre in Gefahr.

Einstein-Gleichung und Substanzrätsel. Habe ich herausgefunden, warum es sie gibt, die Substanz? Bei der Überlegung, daß Substanz und Raum, den die Substanz einnimmt, unlösbar verknüpft sind, und gleichwohl die Wirkung der Energie immer mit der Zeit verknüpft ist, sah ich plötzlich die Einsteinformel in der von mir aufgestellten Form vor mir:

$$\frac{E^2}{m^2} = 81 \cdot \frac{cm^4}{s^4}$$

"Die kann man ja auseinandernehmen in drei Teile", sagte ich laut. Die Zahl

$$81$$

ist das Bindeglied, die Quinta essentia[1] für die beiden übrigen reziproken Beziehungen

$$m^2 \sim \frac{1}{Fläche^2}$$

und

$$E^2 \sim \frac{1}{Quadratzeit^2}$$

Kann es sein, daß die Materie nichts anderes ist als reziproker vierdimensionaler Raum? Und die Energie nichts anderes als reziproke vierdimensionale Zeit? Und daß der Faktor

$$81 = \frac{1}{0,01234\ldots}$$

sich darstellen läßt als eine reziproke Zahlenfolge, die eine Ordnung beinhaltet? Das würde bedeuten, daß die Einstein-Gleichung nicht

---

[1] Aristoteles setzt über die vier Elemente noch eine fünfte Seinsform rein geistigen Inhalts.

nur drei Größen, sondern auch ihre Umkehrungen miteinander verbindet, wobei die reziproken Werte jeweils unendlich sind. Dann wären

I. **Materie und Raum**
II. **Energie und Zeit**
III. **Anzahl und Zahlenordnung**

über die Einstein-Gleichung so miteinander verknüpft, daß wir es gar nicht wahrnehmen könnten. Erst die neuartige Vorstellung der strukturellen Unendlichkeit um einen Punkt, wie sie sich aus dem

Primzahlzwillingskreuz

ergibt, führt zum Begreifen der Verendlichung des Unendlichen zur materiellen Substanz.

"Wenn es keine Materie gäbe, nicht ein einziges Atom, gäbe es auch keinen Raum", so formuliere ich den Gedanken. Kann es aber nur beides gleichzeitig geben, dann muß das eine das andere sein, nur einfach umgekehrt. Wenn es keine Bewegung gibt, gibt es auch keine Zeit. Also muß Energie nichts anderes als umgekehrte Zeit sein. Die einzige Form, Raum und Zeit miteinander zu verknüpfen, besteht darin, sie beide mit ihren reziproken Größen, Materie und Energie, gleichzusetzen. Damit dann kein Unsinn herauskommt, muß ein Bauplan her, und zwar der einzige, den es gibt, die durch das Primzahlkreuz erzeugten Zahlen **001234**... und **01234**... Dahinter wieder stehen **8** Primzahlen. Die Unendlichkeit reziprok als Substanzpunkte? Dann müßten diese Punkte aber auch mit einem potentiellen unendlichen Zauber ausgestattet sein, aus dem sich unsere ganze materielle Erscheinungswelt entfaltet. Wenn ich an Elektronen und Protonen denke, wie sie "zaubern" können durch ihre elektrischen Ladungen, dann liegt der Gedanke nicht fern, daß diese Teilchen gar nicht irgendwann aus etwas anderem entstanden sind, sondern allein aus der Unendlichkeit des Logos heraus existieren.

Sie mit Maschinen zu beschleunigen und aufeinander zu schießen, wäre bei Kenntnis dieser Zusammenhänge der größte Frevel.

Das Ende der heutigen Erkenntnis. Da man diesen Hintergrund bisher nicht kannte, konnte man nur folgende Gleichung finden:

$$E = m \cdot c^2$$

wobei unser Unbegreifen über das Wesen der Lichtgeschwindigkeit ein Weiterkommen ausschloß. Ebenso ist es mit der Planckschen

Beziehung

$$E = h \cdot \nu$$

Da die Frequenz die physikalische Dimension s^{-1} besitzt, könnte man hier schon leicht auf den Gedanken kommen, daß Energie nichts anderes sei als umgekehrte Zeit. Aber hier verhindert das Nichtbegreifen der geometrischen Struktur des Planckschen Wirkungsquantums, hinter die Wahrheit zu kommen. So hat man mit der Gleichung

$$m \cdot c^2 = h \cdot \nu$$

das Ende unserer Erkenntnis erreicht. Man kann ausgezeichnet rechnen damit, aber man weiß nicht, was sie bedeutet. Selbst das ist nicht bewußt. Da die Menschen nicht wissen, was sie tun, haben sie dank dieser Gleichung das einzige gebaut, was sie vernichten kann: die Wasserstoffbombe.

Meine Deutung der Planck-Einstein-Beziehung war von solch eigenwilliger und tiefgreifender Art, daß sie mich zwar faszinierte, aber hinsichtlich des Verständnisses in der gelehrten Welt eher resignativ stimmte. Ich kam mathematisch nicht weiter. Mein Interesse für theoretische Physik verblaßte zunächst.

Der Bauplan Mensch. Die dritte Fassung unseres Buches lag, in Rot gebunden, vor uns. Ich habe mich gegen Ende des Buches mit der Frage beschäftigt, wer der Mensch sei. Was organisches Leben ist, läßt sich durchaus beantworten. Drei Elemente verfügen über die Fähigkeit, Einfach-, Doppel- und Dreifachbindungen einzugehen. Dadurch werden Transporte von Elektronen, somit von Information möglich, gegenüber denen unsere Computer Spielzeuge sind. Das eigentliche Element, der Hauptdarsteller, in diesen organischen Gerüsten ist der Wasserstoff, der chemisch durch die Zahl ± 1 in Erscheinung tritt.

Die Abstammung des Menschen vom Säugetier ist eine Tatsache. Unsere Verwandten im Tierreich, die Menschenaffen, kommen in drei Rassen vor: Schimpansen, Orang-Utans, Gorillas, ähnlich wie der heutige Mensch ursprünglich in Asien als Schwarzer, Gelber, Weißer entstand (vgl. Band I, Kapitel 14). Vom Tier übernimmt der Mensch die vielfältigsten Funktionen, die sich immer wieder in ihrer Dreifachheit ausdrücken. Diese Dreiheiten stellen kein äußerliches Einteilungsschema dar, sondern bringen naturnotwendige Sachverhalte zum Ausdruck. So stellt der weibliche Zyklus einen dreifachen ovariellen Regelkreis dar. Das Ovar selbst bildet die Hormone

Östrogen
Progesteron
Androgen

Aus einem befruchteten Ei bilden sich die Keimblätter, aus denen die verschiedenen Organsysteme entstehen:

Ektoderm
Mesoderm
Entoderm

Für höhere Lebewesen stehen drei alternative Möglichkeiten zur Verfügung, den mütterlichen Organismus vor dem körperfremden Eiweiß der Frucht zu schützen, durch

Placenta
Eiablage
Beutelbildung

Wer Bau und Funktion des menschlichen Körpers, physiologische, biochemische und psychologische Abläufe untersucht, wird immer wieder auf diese Dreifachheit stoßen.

Gehirn und Primzahlkreuz. Nun zum wichtigsten menschlichen Organ. Das Gehirn des Menschen ist stammesgeschichtlich etwas Dreifaches:

Stammhirn
Kleinhirn
Großhirn

Die neurochemischen Funktionen des Gehirns sind völlig ungeklärt. Fachleute dieses Forschungsgebietes, die mit wichtigen Mienen Untersuchungen anstellen, wissen über das Gehirn nichts. Sie unterscheiden sich durch nichts von jenen Vorgängern im 19. Jahrhundert, die mit den gleichen wichtigen Mienen Gehirne wogen und in mikroskopische Schnitte zerlegten.

Eines ist für mich auffällig: die zwölfpaarigen Gehirnnerven. Diese Zahl 24 — das könnte ein Hinweis auf das Primzahlkreuz sein, zumal zwei dieser Nerven, linker und rechter Sehnerv, von ihrem Bau her direkte Ausstülpungen des Gehirns darstellen. Was die Netzhaut registriert, hat unmittelbaren Kontakt zum Gehirn[1]. Da wir mit Hilfe unserer Farbrezeptoren drei Farben unterscheiden können

---

[1] Der Gedanke wird auch nicht dadurch beeinträchtigt, daß es für den Menschen einen weiteren paarigen Gehirnnerv gibt, der wie der

und darüber hinaus mit Hilfe der Stäbchen die Wahrnehmung für verschiedene Schwärzungsgrade empfinden, ist der optische Sinn direkt aus dem 3 und 1-Gesetz zu erklären. Da der Mensch insgesamt fünf Sinne besitzt, ist er mit seinem Sehen selbst ein Punkt in einem Raum, der um ihn herum viergeteilt und unendlich ist. Da aber die Gegenstände, die er wahrnimmt, anders als der Raum, nämlich endlich sind, empfindet er die Dinge dreidimensional, wie sie ja auch sind. Nur macht er den Fehler, den Raum selbst mit einem Ding zu verwechseln, das drei Dimensionen hat. Die fünf Sinne stellen nichts anderes dar als das Wesen der Geometrie. Ich habe schon darauf hingewiesen, daß die fünf platonischen Körper sich auf vier reduzieren, wenn man den Würfel in bezug auf seine Rechtwinkligkeit und das Primzahlkreuz selbst als das Wesen der Geometrie erkennt. Unter Abzug des optischen Sinnes verbleiben dann vier, Tasten, Hören, Schmecken und Riechen, von denen am ehesten das Hören als etwas Räumliches und damit Geometrisches erkennbar ist. Welche Parallelität zu Keplers Gedanken, die er in seinem Lebenswerk "Die Weltharmonik" hinterlassen hat! Seine "Harmonice mundi libri V" gehören zu den ungewöhnlichsten Werken der Weltliteratur. Denn hier versucht zum ersten Mal ein Mensch, den Bauplan dieses Universums aus dem Wesen der Geometrie zu erklären. Dieses Genie hat erfaßt, daß die fünf regelmäßigen Körper nicht einfach ein mathematisches Kuriosum sind, sondern daß ihre Existenz das Wesen dieser Welt ausmachen muß[1].

Zur Frage, wer der Mensch ist: Ich meine, er kann nur etwas sein, was nicht einen Bauplan benötigt, sondern selbst der Bauplan ist. Im Menschen emergieren, mehr als in jeder anderen Naturerscheinung, die Strukturgesetze der Unendlichkeit. In diesem Sinne ist die Natur durchaus "anthropozentrisch" zu nennen. Der Körper des Menschen[2]

Sehnerv einen Gehirnteil darstellt. Wir stammen von den Tieren ab, und viele Tierarten "sehen" mit ihrem Riechorgan, während der optische Sinn oft relativ bedeutungslos ist.

[1] Das Buch enthält, völlig unauffällig, auch das erst spät von Kepler gefundene dritte Planetengesetz. Jeder andere hätte dieses Gesetz in den Vordergrund gestellt. Für ihn war es nur eines von vielen Gesetzen der Physik, die uns den Blick verschleiern, die Rätselhaftigkeit dieser Welt überhaupt zu bemerken. So wird denn dieses Buch von den wenigen Physikern, die es überhaupt gelesen haben, als Verrücktheit eines ansonsten großen Astronomen abgetan, etwa wie Einsteins Haltung gegenüber der Quantenmechanik.

[2] Vgl. K.-Dietzfelbinger im Vorwort zu J. W. von Goethe: Schrif-

besteht aus

Kopf
Rumpf
Extremitäten

Es sind nicht nur vier Extremitäten, es sind vier verschiedene: Wir unterscheiden uns auch dadurch vom Tier, daß für uns links und rechts wichtige Unterscheidungen sind. Der Mensch ist nach dem Bauplan des Primzahlraumes angelegt. Wäre er es nicht, müßte ihn einer nach willkürlicher Art geschaffen haben. Dann bestünde er aus toter Substanz, und ein Willkür-Gott hätte ihm den Geist eingehaucht. Eine Alternative gibt es nicht. Da der Mensch aber aus

Körper
Geist
Seele

besteht, muß er selbst die Verwirklichung eines mathematischen Bauplanes sein: die endliche stoffliche Ausdrucksform des göttlichen Logos selbst.

Korrektur des Chromosomensatzes. Es gibt einen wichtigen Hinweis für die Übereinstimmung des Bauplanes des Menschen mit dem Primzahlkreuz. Mann und Frau besitzen 22 gleiche Chromosomen. Da diese paarweise auftreten, hat jeder Mensch insgesamt einen Chromosomensatz von 44 Chromosomen. Hinzu kommt für jeden Menschen ein Paar Geschlechtschromosomen. Bei der Frau besteht das Paar aus zwei gleichen X-Chromosomen, sie hat also insgesamt 23 verschiedene Chromosomen. Beim Mann besteht das Geschlechtschromosomenpaar aus zwei verschiedenen Chromosomen. Eines davon ist, wie bei der Frau, ein X-Chromosom. Das zweite unterscheidet sich von den 23 Chromosomen. Es wird Y-Chromosom genannt. Der Mann hat folglich 24 verschiedene Chromosomen, auch wenn sein diploider Satz, wie bei der Frau, 46 Chromosomen beträgt. Die 24 Chromosomen schreibt man besser als

1 und 23

wobei die Zahl 1 das zusätzliche männliche Geschlechtschromosom darstellt. Die Oberflächlichkeit, mit der man Frauen und Männern

ten zur Biologie, München 1982: "Goethe glaubte, daß, ähnlich wie im Pflanzenreich, den Bauplänen aller höheren Tiere ein einheitliches Konzept zugrundeliegen müsse, ein 'Urtypus'. Er fand zunächst für jede höhere Tierart eine Dreiteilung des Körpers."

gleicherweise 46 diploide Chromosomen zuordnet, findet ihre Erklärung darin, daß man sich aus falsch verstandenem Gleichheitsdenken wehrt, den beiden Geschlechtern verschiedene Chromosomenzahlen zuzusprechen. Damit war die Zahl 24 aus dem Blick verloren.

Visualisierung der Primzahlen. Erst drei Jahre nach diesen Betrachtungen über den Menschen als Konkretisierung des Primzahlkreuzes beschäftige ich mich wieder mit der Frage, was Leben ist, welches Rätsel sich hinter dem menschlichen Gehirn verbirgt. Jetzt besitze ich klare Vorstellungen über die Struktur des Primzahlraumes und über seine Umkehrung, den physikalischen Raum. Ich habe die Idee entwickelt, das menschliche Gehirn als einen vierdimensionalen Neuronenprozessor zu beschreiben, wobei jedes Neuron Mittelpunkt eines Primzahlraumes ist. Da der Neuronenprozessor ein Ichbewußtsein besitzt, muß er, wie alles Stoffliche in dieser Welt, dreidimensional angelegt sein oder genauer: dreidimensional denken. Der vom Gehirn wahrgenommene menschliche Geist äußert sich etwa in der Fähigkeit, eine Rechenaufgabe zu lösen. Hingegen ist es dem Gehirn vollkommen verschlossen, die vierdimensionale Raum-Zeit-Zahlen-Struktur anschaulich zu erkennen, und äußerst schwierig, dessen Geist, die Verteilung der Primzahlen, zu entdecken. Ich hatte bis dahin nicht vor, meine Vermutungen von der Funktion des Gehirnes auszusprechen, da Neurochemiker, -physiologen -psychologen und -chirurgen viel zu sehr in Vorstellungen chemischer und physikalischer Vordergründe befangen sind.

Zu meinem 50. Geburtstag erhielt ich ein Buch[1] mit einem kurzen Abschnitt über ungewöhnliche Rechenkünste. Behandelt wird der Fall des Zacharias Dase, der 1824 in Hamburg geboren wurde. Dase war einige Jahre bei der preußischen Regierung angestellt. Von seinen Leistungen will ich hier nur seine letzte nennen, eine Faktoren- und Primzahltafel der 7., 8. und 9. Million. Dase wird in der Literatur als Rechenkünstler und als ein wenig einfältig beschrieben. Von Mathematik hatte er keine Ahnung. Das mußte natürlich sofort dem mathematischen Genie und genialen Schnellrechner Gauß auffallen, der ihn 1850 untersuchte.

Während damals die Chance vertan wurde, das "Erkennen von Primzahlen" als Visualisieren zu deuten und die Primzahlen mit der Funktion des menschlichen Gehirns wenigstens ahnungsweise zu ver-

---

[1] Maß, Zahl und Gewicht: Mathematik als Schlüssel zu Weltverständnis und Weltbeherrschung, Weinheim 1989.

binden, weisen die Autoren auf den Neuropsychologen Oliver Sacks[1] hin, der in seinem 1985 erschienenen Buch[2] eineiige Zwillinge beschreibt, denen er 1966 zum ersten Mal begegnete. Diese Zwillinge wurden etwa zur gleichen Zeit geboren wie mein Bruder und ich. Sie waren vom 7. Lebensjahr an hospitalisiert. Eine Zeitlang sind sie im Radio und Fernsehen aufgetreten, da ihr dokumentarisches Gedächtnis, ihre Rechenkünste und die Fähigkeit, etwa die Anzahl von Erbsen in einem Glas anzugeben, als Sensation galt. Mit ihren zwergenhaften Körpern, dem schlimmen Aussehen und einem Intelligenzquotienten von 60 wurden sie bald uninteressant. Da die Zwillinge auf einem Blatt Papier nicht einmal zwei Zahlen addieren oder multiplizieren konnten, waren sie als Testpersonen für Psychologen und Ärzte wenig ergiebig. Das wirklich Ungeheure an ihnen konnte von den Testern gar nicht erkannt werden, weil von diesen kaum einer weiß, was eine Primzahl ist. Damit bin ich bei einer Geschichte gelandet, die wir der Aufmerksamkeit und der Begabung eines einzigen Menschen verdanken: Dr. Oliver Sacks.

An einem bestimmten Tag fand er die Zwillinge zusammen in einer Ecke mit einem rätselhaften heimlichen Lächeln auf ihren Gesichtern vor: Der eine nannte eine sechsstellige Zahl, der andere nickte und lächelte. Dann nannte dieser seinerseits eine andere sechsstellige Zahl. Nun war es sein Zwillingsbruder, der sie entgegennahm und auskostete. Sacks machte nun das einzig Richtige, was hier zu tun war, er notierte sich die Zahlen:

> "Zu Hause beugte ich mich über Tabellen von Logarithmen, Potenzen, Faktoren und Primzahlen — Erinnerungen und Relikte einer eigenartigen, einsamen Periode meiner eigenen Kindheit, in der auch ich über Zahlen gebrütet, Zahlen 'gesehen' und für Zahlen eine ganz besondere Leidenschaft empfunden hatte. Die Vorahnung, die ich bereits gehabt hatte, wurde nun zur Gewißheit: Alle Zahlen, jene sechsstelligen Zahlen, die die Zwillinge untereinander ausgetauscht hatten, waren Primzahlen."

Am nächsten Tag besuchte er die Zwillinge wieder während ihres Spiels mit sechsstelligen Primzahlen. Diesmal hatte er eine Tabelle bis zu den zehnstelligen Primzahlen dabei. Er schaltete sich in die

---

[1] Professor für Klinische Neurologie am Albert Einstein College of Medicine, New York.

[2] Oliver Sacks: Der Mann, der seine Frau mit einem Hut verwechselte. Reinbek 1989, Teil IV: Die Welt der Einfältigen.

Unterhaltung mit einer achtstelligen Primzahl ein. Beide beobachteten ihn mit intensiver Konzentration. Nach einer halben Minute beginnen beide gleichzeitig zu lächeln und akzeptieren ihn als Spielkameraden. Fünf Minuten Pause vergehen, während der Arzt kaum wagt zu atmen, dann nennt einer der Zwillinge eine erste neunstellige Primzahl, der Bruder eine ähnliche zweite. Sacks wirft heimlich einen Blick in sein Buch. Sie fahren mit zehnstelligen Primzahlen fort. Jetzt weiß Sacks, daß er etwas Unglaubliches erlebt. Eine Stunde später tauschen die Zwillinge zwanzigstellige ungerade Zahlen miteinander aus. Es wird sinnlos. Denn das kann niemand mehr nachrechnen, allenfalls modernste Computer. Dr. Sacks schließt aus dem Erlebnis, daß die Zwillinge nicht mit Zahlen operieren wie ein Rechner, sondern daß sie Zahlen sehen können, unmittelbar, "ikonisch wie eine gewaltige Naturszene". Er schreibt über diese "pythagoräische Sensibilität":

"... verblüffend ist nicht, daß es sie gibt, sondern daß sie offenbar so selten vorkommt. Vielleicht ist das Bedürfnis, eine letztgültige Harmonie oder Ordnung zu finden oder zu erfühlen, ein universales Streben des Geistes, ganz gleich, welche Fähigkeiten er besitzt und welche Gestalt diese Harmonie dabei annimmt. Die Mathematik wurde seit jeher die 'Königin der Wissenschaften' genannt, und Mathematiker haben die Zahl stets als das große Geheimnis betrachtet und die Welt als eine auf geheimnisvolle Weise durch die Macht der Zahlen organisierte Sphäre gesehen.

... soweit ich feststellen konnte, stoßen die Zwillinge auf sie (hier liegt das Geheimnis), ohne die herkömmlichen Methoden oder überhaupt eine Methode anzuwenden. Sie scheinen sich der direkten Erkenntnis zu bedienen — wie die Engel. Sie sehen, ganz unmittelbar, ein Universum, einen Himmel voller Zahlen."

Dr. Sacks hat klar erkannt, daß es zwei einzigartige Vorgänge sind, die hier miteinander wirken. Ein einzelner autistischer Mensch würde — schwachsinnig wie die Zwillinge — keine Möglichkeit haben, sich mitzuteilen. Sind es aber zwei, die sich mit Primzahlen gegenseitig unterhalten, dann müssen die Primzahlen und die Struktur des Gehirns etwas miteinander zu tun haben. Die Zwillinge sagen: "Wir sehen es." Es gibt keinen Anlaß, dies zu bezweifeln, weil sie nämlich gar nicht lügen können wie normale Menschen. Es sei noch einmal betont: sie können nicht rechnen.

Die Räumlichkeit der Zahlen. Dr. Sacks geht in seiner Nachschrift auf die "Disquisitiones arithmeticae" des jungen Gauß ein und untersucht die Frage, ob die Modularithmetik, wenn schon nicht eine Lösung, dann wenigstens einen tiefen Einblick in die sonst unerklärlichen Fähigkeiten der Zwillinge erlaubt.

Die Einführung des Kongruenzbegriffes durch Gauß wurde zur Grundlage der Zahlentheorie. Man kann die Zahlen beliebig spiralförmig schreiben und erhält dann bestimmte Primzahlmuster. Es ist aber unterlassen worden, gerade nach dem Muster zu suchen, das die Quadratur der Zahlen in der Fläche darstellt. Dr. Sacks kennt das Primzahlkreuz nicht. Aber die räumliche Anordnung der Zahlen begeistert seine Intelligenz. Ich las:

> "Eine solche Arithmetik könnte in einem Geist wie dem der Zwillinge dynamisch, ja fast lebendig sein: Kugelförmige Zahlenhaufen und -nebel entfalten sich und wirbeln durch ein unablässig expandierendes mentales Universum."

Daraufhin entschloß ich mich, meine Vorstellung über das menschliche Gehirn doch weiterzugeben. Die Zahlenräume, die Sacks einem mentalen Universum zuordnet, existieren wirklich. Nur können wir Menschen sie nicht sehen[1]. So besteht denn der einzige empirische Hinweis auf die Richtigkeit meiner Vorstellung in der Beobachtung eines klugen Arztes an "schwachsinnigen" Zwillingen!

---

[1] 1977 wurden die Zwillinge getrennt, um ihre "ungesunden Zwiegespräche" zu unterbinden. Sie wurden in halboffene Anstalten verlegt und lernten arbeiten. Natürlich unter strenger Aufsicht. Ohne sich austauschen zu können, haben sie ihre numerischen Fähigkeiten verloren, und damit, so schreibt Dr. Sacks, den Sinn ihres Lebens.— "Dumm sein und Arbeit haben, das ist das Glück!" (Gottfried Benn)

Kapitel 5

Mathematik

· **Ein Bild für "Michael".** Christina und ich sind für den Nikolaustag 1987 zum fünfzigsten Geburtstag von Michael Herbrand eingeladen. Es soll ein großes Fest werden. Während ich überlege, was wir ihm denn schenken sollen, fällt mein Blick auf das Porträt, das Michael vor zwanzig Jahren von mir gemalt hat. Ich wußte damals nichts davon. Es stand zehn Jahre in seinem Atelier herum, bis er es mir schenkte. Ich beschließe, ihm auch ein Bild zu schenken, und wähle jene Zeichnung aus, die das Verhältnis von $\frac{4-\pi}{\pi}$ zeigt. Christina, die für einige Zeit im Westerwald in einer Klinik arbeitet, muß jetzt noch unter die Zeichnung einige Sätze schreiben. Da ich kaum in der Lage bin, fehlerfrei auf einer Schreibmaschine zu schreiben, packe ich die IBM und fahre die 300 Kilometer zu ihr hin und zurück. Dann erscheine ich mit handsigniertem Bild und Mahagonirahmen, den ich hatte anfertigen lassen, bei der Firma Conzen, um das Bild dort versiegeln zu lassen. Weil die Geburtstagsfeier bereits am nächsten Tag stattfindet, bin ich enttäuscht, daß das Versiegeln mal wieder nicht so schnell geht. Während ich noch überlege, daß ich stattdessen vielleicht eine Kiste Champagner kaufen sollte, verlasse ich die Kunsthandlung. Eine junge hübsche Frau läuft mir nach und bittet mich, ihr Rahmen und Bild zu zeigen. Sie betrachtet die geheimnisvolle Zeichnung, liest die Erklärung und sagt:

"Ich könnte Ihnen das Bild jetzt sofort rahmen."

"Haben Sie die Werkstatt denn nicht in Oberkassel?"

"Ja, aber so etwas kann ich hier auch machen."

Ich frage: "Richtig? Auch mit dem kleinen Schildchen 'Conzen'?" und denke dabei an Düsseldorfs feinsten Club der 69 Rotarier, dessen Vorsitzender der Dr. h.c. Conzen ist.

"Ja", lächelt sie, "auch mit dem kleinen Schild!"

Nach einer Viertelstunde kommt sie wieder und überreicht mir das fertige Bild. Die Arbeit kostet nichts.

Am nächsten Tag fahren wir ins Bergische Land auf das große Fest. Wir kommen sehr spät. Deswegen schaut der ganze Saal zu, wie Michael außer einer großen Flasche Champagner ein Bild überreicht bekommt. Der entschuldigt sich dafür, daß er nicht weiß, was das Bild bedeutet. Aber sie hätten ja jetzt bald einen Mathematiker in der Verwandtschaft. Ich erfahre, daß die Tochter von Renates Schwester einen Freund hat, der sich kurz vor Abschluß seines Mathematikstudiums befindet.

Nun steht der junge Mann vor mir und fragt, was die Zeichnung zu bedeuten hat. Ich erkläre ihm, daß es nur drei stabile Kernteilchen gibt, daß diese alle dasselbe Drehmoment besitzen und daß ich versucht habe, den Wert dieses Drehmomentes einfach aus den Grundlagen der Geometrie abzuleiten. Ich wechsle hinüber zu den Elementen und schildere kurz, daß hinter diesen wohl auch nichts anderes als ganze Zahlen und Geometrie stehen. Der junge Mann, halb so alt wie ich, gerät daraufhin in große Erregung und teilt mir mit, er habe sich schon sehr früh mit Mathematik beschäftigt, aber nie einen Hinweis gefunden, daß Arithmetik und Geometrie mehr sein könnten als eine menschliche Erfindung.

"Doch", erläutere ich ihm, "die Frage, ob wir die Mathematik in uns haben, ob wir uns bloß erinnern, wenn wir sie lernen, ist sehr alt. Dieser Platonischen Ansicht wurde sehr scharf durch Aristoteles widersprochen. Er bezeichnete Platon, seinen Lehrer, als verrückt und behauptete, daß die mathematischen Dinge nicht getrennt existieren von den Sinnendingen[1]."

Die neue Mathematik. Wir diskutieren weiter, er beginnt zu begreifen und stellt die entscheidende Frage:

"Die Mathematik kann nicht beweisen, daß es die Zahlen geben kann unabhängig von unserem Verstand. Wollen Sie sagen, daß sich aus der Chemie oder der Physik ein Beweis finden läßt?"

"Die Sache ist anders", erwidere ich, "ich bin an die Frage als Chemiker herangegangen, und dabei ist mir etwas aufgefallen, was Mathematiker von sich aus nicht beachten würden. Ich habe mathematisch etwas Neues eingeführt gerade deswegen, weil ich nicht mathematisch geschult bin. Es ist eine neue Mathematik, die die alte nicht für falsch erklärt, sondern nur erkennen läßt, daß diese nichts anderes als Rechenkunst ist. Diese alte Mathematik haben die modernen Physiker als Grundlage für unser neues Weltbild, die Quantenmechanik, benutzt. Jetzt steht der Zug auf einem Sackbahnhof. Und keiner weiß, wie's weitergeht."

"Läßt sich diese neue Mathematik denn auch streng mathematisch beweisen?"

"Oh ja", sage ich, "sonst wäre sie nicht Mathematik. Aber ich bin auf der Suche nach einem Mathematiker, der sie überhaupt versteht. Die ich in meinem Leben kennengelernt habe, kommen dafür nicht in Frage, für das Neue muß man menschliche Größe besitzen —

---

[1] Vgl. Kepler, Johannes: Viertes Buch der Weltharmonik, 1. Kapitel, S. 208 f.

oder zumindest jung und unbefangen sein."

Ich kehre zu Christina an unseren Tisch zurück und erzähle, daß ich dem jungen Mathematicus und seiner Freundin den Abend wohl gänzlich durcheinandergebracht habe. Tatsächlich sitzt er den ganzen Abend fast regungslos, ohne an dem Fest teilzunehmen. Nicht einmal das kalte Buffet rührt er an. Ich denke: Ob ich ihn wohl endlich gefunden habe?

Am nächsten Abend geht das Telefon, er hat sich meine Telefonnummer besorgt und nennt seinen Namen, Michael Felten.

"Herr Plichta, ich kann es nicht mehr aushalten, ich muß von dem, was Sie mir erzählt haben, mehr wissen."

Michael und ich vereinbaren, daß er zu mir zur Bruhnstraße kommt, hier eine Zeitlang wohnt und erst einmal Unterricht in den Naturwissenschaften und ihrer Geschichte erhält. Nach kurzer Zeit weiß ich: es ist soweit. Wir werden in Zukunft zu dritt arbeiten. Das Jahr 1988 wird spannend werden. So hat denn das Bild, das für Michael Herbrand bestimmt war, mir zu einem anderen Michael verholfen, zu dem jungen Mathematiker, auf den ich so lange gewartet hatte.

Drei Millionäre. Bei dieser Gelegenheit erinnere ich an meine merkwürdige Prophezeiung von vier Männern, die im selben Frack geheiratet haben und alle mit der Entstehungsgeschichte der neuen Mathematik zu tun haben: Paul wurde durch Heirat Multimillionär, Heinz durch einen Griff in den Papierkorb ein kleinerer Millionär und Michael Herbrand ein mittelgroßer Millionär. Denn kurze Zeit später stirbt sein Vater, und er wird Alleinerbe. Damit bricht die Beziehung zu den Herbrands ab, obwohl sie versprochen hatten, mein Buch zu finanzieren, wenn sie erst einmal reich seien. Ich, der vierte, hatte sie alle drei gewarnt, daß das Schicksal uns vier zusammengefügt hat. Nicht wegen des lächerlichen Fracks, sondern weil ich ein Gefühl für solche kleinen Zeichen des Schicksals habe. Das Geld hat sie taub gemacht statt verantwortungsbewußt.

Das mathematische Satzsystem. Während eines Abendessens hält Michael Felten uns einen Vortrag. Er will seine Diplomarbeit nicht mit Schreibmaschine schreiben, sondern auf einem Atari 1040 ST mit Festplatte. In Amerika habe vor einigen Jahren ein Genie auf dem Gebiet der Informatik ein Programm entwickelt, mit dem es möglich sei, Buchseiten zu setzen mit allen mathematischen Formelzeichen, genauso gut, wie das mathematische Verlagshäuser können. Der Erfinder dieses TEX-Programmes habe geschickt alle Probleme gelöst, indem er die Gestaltung der Seiten in drei Schritte zerlegt habe: die Aufnahme des Textmaterials mit Kontrolle über den Bildschirm, die Umarbeitung des Textes durch den Computer in den Satz und die Möglichkeit, auch die gesetzte Seite über den Bildschirm zu kontrollieren[1]. Als Christina und ich ihn dabei so rätselhaft anschauen — er kann schließlich nicht wissen, daß wir darauf gewartet haben —, gerät er immer mehr ins Schwärmen, schildert dieses Programm, das noch kein Software-Fritze kenne, in immer höheren Tönen, während ich scheinheilig auf immer mehr verweise, was das Programm doch wohl nicht könne: Formeln in die Mitte setzen oder verkleinert in den Text, verschachtelte Fußnoten schreiben, Zeichnungen einführen und korrekt deutsche Worte trennen..., bis wir schallend anfangen zu lachen und er verdutzt innehält. Ich erkläre ihm, daß ich gewußt habe, daß der Mathematiker auftauchen würde, ohne den ich nicht weiterkomme, nicht aber wußte, daß er gleichzeitig begeisterter Informatiker sein würde. Kurz darauf besitzen wir, er in Dortmund und wir in Düsseldorf, zwei identische Computersysteme mit 24-Nadeldrucker. Ich nenne sie unsere Zwillingscomputer. Damit beginnen wir die endgültige Fassung dieses Buches. Es ist die vierte. In der vierten Fassung werden die drei Bücher um ein viertes erweitert und später in zwei Bände getrennt. Das Vierte Buch (Band II) wird dreimal neu geschrieben (1989-1991).

Zustand der Wissenschaften. Gleichzeitig mit den Grundlagen der Naturwissenschaften lernt Michael, so wie vor ihm Christina, jene Fragen kennen, auf die die Naturwissenschaftler keine Antworten kennen und die sie deshalb ihren Studenten gar nicht erst weitergeben, weil sie diese als Studenten selbst auch nicht kennengelernt haben. Oft wirkt er verzweifelt:

"Das darf doch nicht wahr sein. Das ist doch nicht einfach Dummheit, das ist doch Betrug!"

Zum Betrug gehört Vorsatz, definiert das Strafgesetzbuch.

"Du hast recht, es ist Betrug. Wer an diese Pöstchen ranwill, wer in den Topf mit den Etatmitteln langen will, wer ein Stück von dem großen Kuchen abbekommen will, der muß lügen. Er darf sich trösten, daß alle lügen, weil's dann ja nicht so schlimm sein kann. Aber das ist die allergrößte Lüge. Alle die lügen, müssen den Kritiker, den einzelnen, gemeinsam bekämpfen. Wenn es wahr wäre, daß

---

[1] Es handelt sich um den Informatiker Donald E. Knuth, der das Programm an der Stanford University im Laufe von zehn Jahren entwickelt hat. Ohne diese beachtenswerte Leistung hätte ich dieses Buch nicht publizieren können.

wir die Wahrheit doch nicht finden können, daß wir ihr höchstens, mit immer mehr Geld, 'näher kommen' können, brauchten wir die Hochschulforschung nicht, dann sollten Forschungsmittel und Subventionen gleich in die Industrie fließen. Dort wird für neue Produkte geforscht. Das ist deren Wahrheit. Viele Kritiker sehen zwar, daß die gesamte Menschheit in eine Katastrophe hineintreibt, erkennen aber nicht, daß dies mit der konventionellen Wissenschaft nicht aufzuhalten ist. Je mehr Geld wir in solche Forschung stecken, die die Katastrophe aufhalten soll, desto schneller geraten wir hinein. Die Physiker, Chemiker und Techniker zeigen uns, wie man Kernkraftwerke baut, geben uns aber keine Hilfe, auf die Frage zu antworten, ob man diese nun an- oder ausschalten soll. Solche Fragen lassen sich immer erst hinterher beantworten. Da man immer in der Weltgeschichte von einer Katastrophe in die andere geriet, da Kriege immer von denen bezahlt wurden, die sie gar nicht wollten — vom Dritten Stand, mit Hilfe der Inflation —, hofft man auch diesmal, daß es schon nicht so dick kommen werde, und behängt sich mit Auszeichnungen, nennt die Kritiker Kommunisten, Konterrevolutionäre oder Spinner, gerade wie's erwünscht ist. Wenn ich nicht überzeugt wäre, daß die Wahrheit jetzt herauskommen muß, ich würde auf meine naturwissenschaftlichen Ideen pfeifen und mein Wissen mit ins Grab nehmen. Buddha hat erkannt, daß alles menschliche Unvermögen, das ewige Scheitern, aus drei Untugenden erwächst. Welche Scheußlichkeit auch immer man untersucht, man findet letztendlich drei Grundübel:

Gier
Haß
Verblendung

Daran ist nicht zu rütteln. Aber wenn erstmals in der Geschichte der Menschheit mit wissenschaftlicher Strenge die Frage beantwortet werden kann, welches Rätsel sich in unserer materiellen Welt verbirgt, dann beginnt eine neue Zeit. Darüber will ich in unserem Buch schreiben."

Der Raumspiegel in der Apotheke. "Warum ist alles dreifach?" fragt der junge Mathematiker.

Er, der begierig alles aufgenommen hat, worin ich ihn unterrichtet habe, will nicht wahrhaben, daß es drei Sorten von Zahlen gibt: "Wäre das wahr, müßte es zum mathematischen Grundwissen gehören!"

Er lernt das Primzahlkreuz kennen, den natürlichen Code der Primzahlzwillinge und ihrer Quadratur. Ich zeige ihm das "Geheimnis des Kreuzes", die Ausdehnungskonstante **3**, und leite jene Zahl 3^4, die er bisher durch mich nur von der Anzahl der stabilen Elemente her kennt, als Konstante für einen vierdimensionalen Raum um einen Punkt herum ab. Er ist fasziniert. Als er die Konsequenz begreift: daß das Gesetz der Quadratzahlen über der 1 aus der 1 selbst eine Quadratzahl macht und damit, mathematisch zwingend, die Existenz einer weiteren nullten Schale verlangt, beginnt er furchtbar zu weinen. Denn damit läßt sich aus der Quadratur der Zahlen beweisen, daß der Bauplan der Natur auf der Zahl -1 beruht, während die Mathematik die Existenz (die Realgeltung) der Zahl -1 nicht beweisen kann. In der Mathematik steht der Ausdruck -1 für etwas, was man nicht hat. Weil sich mit den negativen Zahlen so gut rechnen läßt, muß man sie im Mathematikunterricht einführen, wobei man sich natürlich darüber im klaren ist, daß es eine -1 nicht geben könne, etwas, was weniger wäre als null.

"Michael, ich kann zeigen, daß diese -1 wirklich existent ist, weil sie die räumliche Umkehrung der Zahl $+1$ darstellt. Ich nenne sie nur -1, aber eigentlich möchte ich sie in Spiegelschrift schreiben, weil sie mit der mathematischen Vorstellung 'eine Mark Schulden' überhaupt nichts zu tun hat."

Wir fahren zur Comenius-Apotheke, und dann steht er vor dem Spiegel. Ich bitte ihn, seine Hand auszustrecken. Er sieht seine linke Hand gegenüber in dem rechtwinkligen Spiegel umgedreht, der Daumen steht jetzt nicht rechts, sondern links.

"Der Spiegel", erkläre ich, "das ist die Stelle, an der beim Primzahlkreuz die Zahl 0 steht, auf der nullten Schale."

Jetzt demonstriere ich ihm mit meinen ineinander verschränkten Fingern: "So sähe der Raumspiegel aus, wenn es Spiegel gäbe ohne die Illusion erzeugende Silberschicht auf der Rückseite des Glases."

Ich nehme Michael mit ins Düsseldorfer Rheinstadion und setze mich mit ihm so, daß wir das 50-Meter-Becken von oben betrachten können.

"Michael, ich habe jahrelang bei schönem Wetter hier gesessen und mir auf der linken und rechten Seite die Startblöcke aus Granit angeschaut. In den Granit sind Zahlen hineingemeißelt und mit roter Farbe ausgefüllt. Ich habe die Fähigkeit, etwas Wichtiges auf Anhieb zu erkennen. Aber leider brauche ich oft jahrelang, um es zu begreifen und auszusprechen."

"Meinst du, weil es gerade die Zahlen von 1 bis 10 sind?"

"Nein, die kann ich mir zu Hause auf ein Stück Papier malen. Ich hab fast zwanzig Jahre über Siliziumatome nachgedacht, die sich gegenüberstehen. Wenn diese Atome vier räumlich verschiedene Bindungen haben, bedeutet das für die Chemie, daß es vier Verbindungen gibt. Ich hab dir das am Beispiel der Weinsäure erklärt. Später bin ich dahintergekommen, daß Elektronenpaare, die sich gegenüberstehen, auch asymmetrisch sein müssen. Das eine Elektron muß das Gegenteil vom anderen sein. Bis ich endlich begriff, daß diese Eins links auf dem Startblock sich von der rechts auf dem Startblock einfach dadurch unterscheiden muß, daß sie unsymmetrisch aufgestellt ist. Wir sind hier an dieser Stelle so etwas wie ein rechtwinkliger Spiegel. Zwei sich gegenüberstehende Einsen sind nicht einfach Spiegelbilder in einem planen Spiegel, sondern die eine Eins muß auf der anderen Seite umgedreht erscheinen. Spiegelt man die Zahlen

$$0, 1, 2, 3, 4, \ldots$$

ist die 0 das Spiegelzentrum eines rechtwinkligen Spiegels. Dann gibt es gegenüber von der 1 noch eine umgedrehte 1, die nennen wir dann

$$-1$$

Als Gauß die komplexe Zahlenebene einführte, hat er etwas mathematisch sehr Sinnvolles getan. Die Strecke von 0 bis -1 ist eine umgedrehte Strecke des Abstandes von 0 bis 1. Das gleiche gilt natürlich für die imaginären Zahlen $\pm i$. Denkt man sich die natürlichen Zahlen $0, 1, 2, 3, 4, \ldots$ auf einer Linie, gibt es diese Probleme nicht. Führen wir aber die zyklisch geometrisierten Zahlen des Primzahlkreuzes ein, dann müssen die Zahlen außer ihrem Zahlenwert auch geometrische Abstände haben. Solche Zahlen müssen mit -1 beginnen bzw. mit i. Weitere negative Zahlen wie die Zahlen $-2, -3, -4 \ldots$, wie wir das auf Koordinatenkreuzen gewohnt sind, kann es im Primzahlkreuz nicht geben. Die -1 muß zweimal quadriert werden. Du weißt, auf dem Primzahlkreuz dreht sich die Zahl

$$(-1)^4$$

Drei Sorten natürlicher Zahlen. Ich habe dich — wie Sokrates seine Schüler — dazu gebracht, etwas einzusehen, was du längst weißt. Wenn Zahlen etwas Geometrisches sind, gelten die Gesetze der Geometrie. Wenn wahr ist, was wir hier entworfen haben, mußt du von ganz alleine begreifen, wie viele Sorten Zahlen es auf diesem quadratischen Primzahlkreuz geben muß. Auch wenn es in keinem Mathematikbuch dieser Erde steht, auch wenn dich die Mathematiker dieser Erde als verrückt bezeichnen. Das ganze Geheimnis bestand darin, daß die Zahl

$$\pm 1^2$$

sich an den Stellen, wo die Primzahlzwillinge $(5; 7), (11; 13), (17; 19)$ stehen, immer nur geometrisch wiederholt. Für uns war bisher nur der Zahlenwert 5 oder 7 interessant. Ich bin darauf gekommen, weil die Mathematiker diese Zahlen Zwillingsprimzahlen genannt haben und ich selbst Zwilling bin und Chemiker.

Kommen wir nun zu dem, Michael, was dir so schwerfällt einzusehen: die Erkenntnis, daß der Zahlenkörper aus drei Sorten Zahlen besteht. Es fällt dir deswegen so schwer, weil du es noch nie gehört hast. Weil jeder Mathematiker sagen würde, man könne die Zahlen nicht willkürlich so einteilen. Die einzige Wahrheit, die es bis heute in der Mathematik gibt, ist das richtige Rechenergebnis. Über das Wesen von Arithmetik und Geometrie weiß man nichts. Schau auf das Primzahlkreuz. Dort stehen acht Zahlen, die sich von der 1 ableiten, auf der ersten Schale. Acht Zahlen sind durch 3 teilbar und weitere acht durch 2. Sag mir, aus wieviel Sorten Zahlen die natürlichen Zahlen bestehen müssen."

Er sagt: "Ich habe es jetzt selbst erkannt. Es sind drei."

Die drei mathematischen Grundkonstanten. Ich habe Michael von E. T. Bells Buch "Die großen Mathematiker" erzählt und von meiner Überzeugung, daß es für die seltsame Formel

$$e^{i \cdot \pi} + 1 = 0$$

eine einfache Erklärung geben muß. Wie kann es sein, daß zwei transzendente und eine imaginäre Zahl, miteinander vereinigt, auf die elementarste aller Zahlen, auf die 1 bzw. die -1 führen? Wir wissen jetzt etwas über die Zahlen $-1, 0, +1$ sowie über i und π. Nur die Zahl e ist in all meinen Überlegungen nie aufgetaucht. Das kann unter keinen Umständen bedeuten, daß sie für die neue Mathematik keine Bedeutung hat, sondern nur, daß ich irgend etwas übersehen habe. Auch bei den Überlegungen zur Kreiszahl π habe ich bisher nicht scharf genug nachgedacht.

Im Jahre 1671 entwickelte der englische Mathematiker James Gregory die Arcustangens-Reihe

$$\arctan x = x - \frac{x^3}{3} + \frac{x^5}{5} - \frac{x^7}{7} + \dots \text{ für } -1 < x \leq 1$$

Da $\arctan 1 = \pi/4$ ist, gilt für $x = 1$

$$\frac{\pi}{4} = 1 - \frac{1}{3} + \frac{1}{5} - \frac{1}{7} + \cdots$$

1674 entdeckte Leibniz unabhängig von Gregory dieselbe Darstellung von $\pi/4$ nicht über den arctan, sondern über eine rein geometrische Herleitung[1]. Leibniz soll im höchsten Maße verwundert darüber gewesen sein, daß sich die Kreiszahl π so einfach aus den ungeraden Zahlen berechnen läßt. Beide Herleitungen für $\pi/4$ veranlaßten mich zu der Frage, warum die Darstellung nicht π liefert, sondern das Verhältnis von π zu 4.

Die Kreiszahl π und die ungeraden Zahlen. Ich beschäftige mich noch einmal mit dem Verhältnis von Kreis zu Viereck. Da sich die Grundzahl 300 des ersten Kreises im Primzahlkreuz von Kreis zu Kreis über die Folge der ungeraden Zahlen

$$1, 3, 5, 7, \ldots$$

vergrößert, stelle ich mir einen Kreis mit seinem umgebenden Viereck vor und untersuche den ersten Quadranten. Die Fläche des Viertelkreises beträgt $\pi/4$.

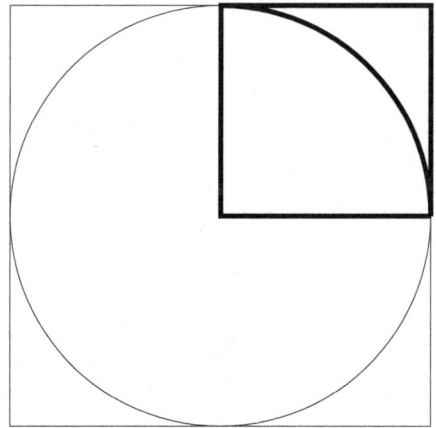

Abbildung 17

---

[1] Leibniz' geometrischer Beweis ist abgedruckt in Meschkowski, Herbert: Denkweisen großer Mathematiker, Braunschweig 1961, S. 50.

Das Verhältnis

$$\frac{4 - \pi}{\pi}$$

birgt jene Kappe, die ich als Eineck bezeichnet habe, weil sie an den Berührungspunkten mit dem Kreis nicht eckig ist. Um die Viertelkreisfläche zu approximieren, wählen wir die Vergrößerungszahlen $1, 3, 5, 7, \ldots$ als Eckzahlen. Dadurch verwandelt sich das Eineck in Drei-, Fünf-, Siebenecke usw. Die Eckigkeit nähert sich dem Unendlicheck und damit immer mehr dem Viertelkreis an. Da dieser Vorgang geometrisch eine Flächenabnahme darstellt, summieren wir nicht die Vergrößerungszahlen, sondern die reziproken Werte

$$\frac{1}{1}, \ \frac{1}{3}, \ \frac{1}{5}, \ \frac{1}{7}, \ \ldots$$

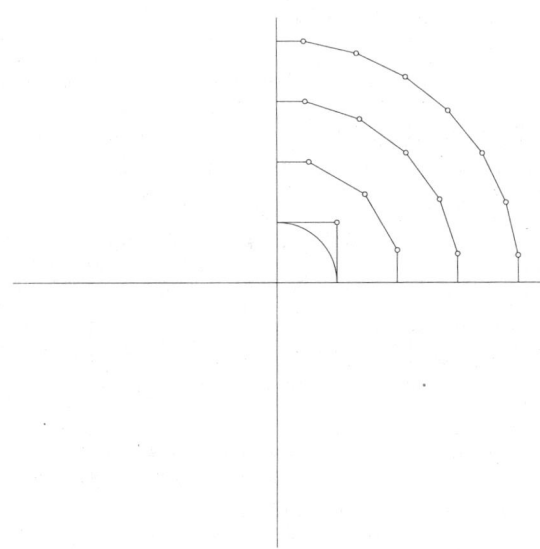

Abbildung 18

Wir vergleichen jeweils ein Vieleck mit seinem darüberliegenden und erhalten die Folge der Differenzen:

$$(1 - \frac{1}{3}), \ (\frac{1}{5} - \frac{1}{7}), \ (\frac{1}{9} - \frac{1}{11}), \ \ldots$$

Summiert man die Differenzen, entsteht folgende unendliche Reihe:

$$1 - \frac{1}{3} + \frac{1}{5} - \frac{1}{7} + \frac{1}{9} - \ldots$$

und damit die Leibnizsche Reihe für den Viertelkreis $\pi/4$.

Gregory und Leibniz entdeckten unabhängig voneinander mathematisch zwei verschiedene Wege, die Kreiszahl π zu berechnen. Bis heute konnte niemand sagen, warum die ungeraden Zahlen die Berechnung von π erlauben[1]. Der Grund für diese Bedeutung der ungeraden Zahlen muß in der Ausdehnung der Zahlen auf den Kreisen des Primzahlkreuzes liegen.

Die Formel für die drehende 1^2. Weil ich die Zahl π hier direkt mit dem Gedanken des Primzahlkreuzes in Verbindung gebracht habe, sehe ich plötzlich Licht in das geheimnisvolle Dunkel der Eulerschen Formel

$$e^{i\cdot\pi} = -1$$

fallen. Denn ich weiß doch, daß das Primzahlkreuz ein drehendes Zahlenkreuz ist, auf dem sich von der ersten Schale an die Zahl 1^2 dreht. Wenn hinter der Zahl π in Wirklichkeit sich erweiternde kreisförmige Schalen stehen, müssen π und 1^2 über eine grundlegende Gemeinsamkeit verknüpft sein. Und plötzlich hab ich's: Die nullte Schale des Primzahlkreuzes beginnt mit der Zahl -1. Diese Zahl stellt nichts anderes dar als den Zahlenwert für

$$e^{i\cdot\pi}$$

Die Werte $-1, 1, i, -i$ besitzen folgende Polarkoordinatendarstellungen:

$$e^{i\pi} = -1 \qquad e^{2\pi i} = 1 \qquad e^{i\pi/2} = i \qquad e^{3i\pi/2} = -i$$

Das ist gerade die Mathematik, die der nullten Schale des Primzahlkreuzes gehorcht. Um die nullte Schale zu verlassen, brauchen wir den Ausdruck

$$e^{i2\pi} = 1$$

nur zu quadrieren und erhalten sofort neben dem 3^4-Gesetz das zweite Grundgesetz des

vierdimensionalen Raumes

Seine Formel lautet:

$$e^{i\cdot 4\cdot\pi} = (-1)^4$$

---

[1] Leibniz soll gesagt haben: "Gott liebt die ungeraden Zahlen."

In ihrer quadrierten Form $e^{i \cdot 2 \cdot \pi} = +1$ kennt diese Formel jeder Mathematiker. Er benutzt sie, kann aber nicht sagen, was sie wirklich bedeutet. Denn einen vierdimensionalen Raum von der Dimension zweier rechtwinklig aufeinander stehender Flächen kennt man nicht in der Mathematik.

Der Raum um den Atomkern. Ohne zu ahnen, daß der Raum um einen Atomkern vierdimensional sein muß, haben die Physiker auf ihn Gleichungen angewandt, die für dreidimensionale Räume gelten und jene x, y, z-Achsen besitzen, die uns geläufig sind. Das ganze Gebäude der Quantenmechanik wurde auf den Spektren von zwei Elementen errichtet, dem des Wasserstoffes und dem des Heliums. Das sind gerade die beiden Elemente, die nur über die nullte Schale verfügen, in Physik und Chemie als erste oder K-Schale bezeichnet. Elemente mit höheren Ordnungszahlen verschließen sich quantenmechanischen Betrachtungen. Es gibt für die Formeln keine Lösungen mehr. Niemandem ist der Verdacht gekommen, daß von der zweiten Schale der Atome (L-Schale) an, die auf dem Primzahlkreuz die erste Schale darstellt, ohne vierdimensionale Betrachtungsweise keine vernünftigen Ergebnisse mehr herauskommen können.

Zwei Herleitungen für e. Damit wird die Zahl e — schon bisher die wichtigste mathematische Konstante, doch nur aus Notwendigkeit, weil man ohne sie nun einmal keine höhere Mathematik betreiben kann — in der neuen, vierdimensionalen Mathematik die begründeterweise zentrale Konstante überhaupt. Ich bin jetzt gezwungen, die Frage zu beantworten, warum baut sich das Primzahlkreuz auf einer Zahl auf, welche die Größe besitzt

$$e = 2,71828\ldots$$

Die Exponentialreihe, die wichtigste Potenzreihe der Mathematik

$$e^x = 1 + \frac{1}{1!}x^1 + \frac{1}{2!}x^2 + \frac{1}{3!}x^3 + \ldots$$

wurde von Isaac Newton um 1665 entdeckt, wobei der heute verwendete Buchstabe e erst 1739 von Leonard Euler eingeführt wurde. Setzt man in der Exponentialreihe $x = 1$, so erhält man[1]

$$e = 1 + \frac{1}{1!} + \frac{1}{2!} + \frac{1}{3!} + \ldots = 2,7182818284590\ldots$$

---

[1] Es ist $1! = 1$, $2! = 1 \cdot 2 = 2$, $3! = 1 \cdot 2 \cdot 3 = 6$ usw., gesprochen *eins Fakultät, zwei Fakultät* usw.

Es gibt eine zweite, mathematisch völlig andere Darstellung, die e als Grenzwert von Binomen liefert[1]:

$$e = \lim_{n \to \infty} \left(1 + \frac{1}{n}\right)^n$$

Ich unterhalte mich mit Michael, ob es eine Erklärung dafür geben könnte, daß sich die Zahl e auf zwei völlig verschiedenen Wegen darstellen läßt. Newton und Euler haben die Beweise für die Herleitung der Zahl e geliefert. Doch keiner weiß anzugeben, woran es liegt, daß auf zwei so verschiedenen Wegen das gleiche Resultat erreicht wird. Das ist um so gravierender, als der Herleitungsweg einer Naturkonstanten direkte Rückschlüsse auf ihren Charakter zuläßt, sie geradezu definieren müßte. Weil das Problem so geheimnisvoll ist, gibt es die Frage im Studium der Mathematik nicht. Nach dem Studium ist der Hochschulmathematiker auf die Nichtexistenz dieser Frage eingeschworen.

Hypothese zu e als Ordnungszahl. Die Gespräche über die Zahl e dauern über ein Jahr. Wir beginnen, das Problem über ein Modell zu untersuchen: Wenn man einen Sack mit Erbsen auf dem Fußboden ausschüttet, verteilen sich die Erbsen nach einem einfachen Schema. Um den Punkt herum, um den sie ausgeschüttet worden sind, liegen sie sehr dicht, und zum Rand nimmt die Verteilung stark ab. Untersucht man das Problem statistisch, stellt man fest, daß die Verteilung exponentiell ist, also der Zahl e gehorcht. Der junge Mathematiker, der 1989 sein Diplom mit Auszeichnung macht, stimmt mit mir darin überein, daß sich die Erbsen nicht deshalb gerade so verteilen, weil es die Gesetze der Statistik vorschreiben, sondern daß die Zahlenstruktur des Raumes der Grund für die Verteilung ist. Wir gehen davon aus, daß die Zahl e etwas mit Ordnung zu tun hat, und schließen daraus, daß der vierdimensionale Raum um einen Punkt herum die Ordnung der Zahlen

$$1, 2, 3, 4, 5, \ldots$$

auf dem Primzahlkreuz besitzen muß. Die Eulersche-Zahl e muß selber die Ordnung der Zahlen bedeuten.

---

[1] Wählt man zum Beispiel $n = 1\,000\,000$, so stimmt
$$\left(1 + \frac{1}{1000000}\right)^{1000000} = 2,71828046\ldots \text{ auf 5 Dezimalstellen nach dem}$$
Komma mit e überein.

Ich spreche mit Michael über die Vermutung, daß die obige fakultative Reihenentwicklung von e sich aus zwei Teilen zusammensetzt, nämlich aus der Zahl 1 und der Summe

$$\frac{1}{1!} + \frac{1}{2!} + \frac{1}{3!} + \ldots = 1,718\ldots$$

also aus

$$e = 1 + 1,718\ldots = 2,718\ldots$$

Das Primzahlkreuz setzt sich aus der nullten Schale und unendlich vielen Erweiterungsschalen zusammen. Die nullte Schale kennt im Gegensatz zu den darüberliegenden Schalen keine Zahlen, sondern nur Spiegelbilder der Zahl **1**. Die Reihe der reziproken Fakultäten könnte etwas mit der Ordnung der Zahlen 1, 2, 3, 4, 5, ... zu tun haben. Daß die Fakultäten reziprok in der Reihe vorliegen, scheint seine Ursache in der linearen räumlichen Ausdehnung der fortlaufenden Zahlen zu haben, was sich ja auch bei der Ableitung von $\pi/4$ als richtig erwies. Wir haben uns an diesem Nachmittag gerade heißgeredet, als ich feststelle, daß wir noch zum Supermarkt fahren müssen.

Durchbruch zum Verständnis von e. Während ich im Supermarkt den Einkaufswagen fülle, läuft Michael aufgeregt neben mir her. Ich merke, er denkt. Plötzlich, an einem Stand mit Kräutern der Provence, packt es ihn. Er läuft auf und ab und wiederholt immer wieder:

"Ich glaube, ich hab's, Peter", ruft er aufgeregt, während er sich eine Handvoll großer Plastikdosen der Firma Fuchs schnappt, "das ist so einfach, darüber kann man verrückt werden."

"Hast du endlich *e*?" flüstere ich. Er beginnt, die Dosen auf einem Tisch aufzustellen, und zwar hintereinander.

"Peter, wir beschriften sie jetzt mit den Zahlen $1, 2, 3, 4, 5 \ldots$ Wenn wir nur eine Dose nehmen, besitzt sie die Ordnung 1. Wenn wir zwei Dosen hintereinander stellen, gibt es zwei mögliche Ordnungen, nämlich die Ordnung 1; 2 und die Ordnung 2; 1. Von denen wird eine Ordnung 1; 2 auf dem Primzahlkreuz realisiert, also

$$\frac{1}{2!}$$

Bei drei Dosen gibt es schon sechs mögliche Ordnungen[1], bei vier Dosen vierundzwanzig und bei fünf Dosen einhundertzwanzig Ordnungsmöglichkeiten."

---

[1] Die Ordnungen lauten $123, 132, 213, 231, 312, 321$. Eine Ordnung von 3! ist realisiert, das entspricht $1/3!$.

Ich begreife sofort, was er sagt, in seiner ungeheuerlichen Tragweite und lege ihm die Hand auf die Schulter:
"Laß uns bloß hier verschwinden. Die kennen mich hier alle."
Ich packe noch schnell eine von den Dosen, halte sie hoch und
sage:
"Mit der werd ich dann mal das halbe Schwein würzen, das ich
jetzt noch besorgen muß."

Die geschenkte Eins. Dann sausen wir zur Kasse. Draußen
vor dem Eingang setzen wir Karton und Bierkasten ab und schauen
uns an.
"Michael, bist du dir darüber im klaren: was du da gerade entdeckt hast, das hat die Elite der Mathematik einfach verschlafen."
"Ja", sagt er, "aber die Summe der reziproken Fakultäten ergibt
natürlich nur den Wert

$$1,718\ldots$$

Der Wert der Euler-Konstanten jedoch beträgt $2,718\ldots$"
"Die fehlende 1, die schenk ich dir aus der Unterschale, denn
dort besitzt die Ordnung ebenfalls den Wert

$$1$$

weil sich dort nur Spiegelformen der Zahl 1 befinden", sage ich und
lächle.
Er starrt mich ein paar Sekunden an und beginnt zu brüllen.
Wir fallen uns in die Arme, und der Husky heult dazu.

Unendlichkeit und Ordnung. Auf der Bruhnstraße stürzen
wir die Treppen hoch. Dann beginne ich, die Ableitung von e zusam-
menhängend zu erklären.
Stellen wir uns in Gedanken eine Blackbox vor, eine Zauber-
truhe, gefüllt mit unzählbaren Tischtennisbällen. Jede dieser Kugeln
soll eine der fortlaufenden Nummern tragen. Nur sollen die Kugeln
durcheinandergeschüttelt sein. Holt man jetzt mit verschlossenen Augen die Kugeln nacheinander heraus und reiht sie zu einem unmeßbar
langen Band auf, erhält man irgendeine Zahlenordnung. Das kann
man unzählbar oft wiederholen, nie wird sich etwas mathematisch
Sinnvolles ergeben (vgl. Band I: "Hamlets Affen"). Erst wenn man
die Augen von dem Tuch befreit, sie öffnet und sich jetzt die Mühe
macht, die Kugel mit der Ziffer 1 zu suchen und dann die mit der
Ziffer 2 und danach die mit der Ziffer 3 usw. und sie in der Ordnung

$$1,2,3,4,5\ldots$$

hintereinanderreiht, erhält man die Kette der fortlaufenden Zahlen von jener sinnvollen Ordnung, daß jede Ziffer nacheinander um eins größer ist als die vorige. Schon die vier hintereinander geschriebenen Zahlen $1, 2, 3, 4$ stellen nur eine Kombinationsmöglichkeit von vierundzwanzig möglichen Ordnungen dar, also $1 : 24$. Die ersten vierundzwanzig Zahlen auf dem Primzahlkreuz stellen wiederum nur eine Ordnung dar, von einer Menge, die größer ist als sechsmal 10^{23}. Man kommt schon nach ein paar Schalen auf dem Primzahlkreuz zu solch ungeheuer großen Zahlen — oder reziprok zu solch ungeheuer kleinen Zahlen —, daß es jede menschliche Vorstellung übersteigt. Die Fundamentalkonstante der Mathematik, die Zahl

$$e$$

stellt nichts anderes dar als die geordneten Zahlen, aber auf dem **Primzahlkreuz** geordnet. Die Mathematiker haben die Ordnung der Zahlen $1, 2, 3, 4, 5 \ldots$ einfach vom gesunden Menschenverstand übernommen, als scheinbare Selbstverständlichkeit.

Der Raum um einen Punkt kann nur von **einer** notwendigen logischen Ordnung sein. Es kann sich nur um eine einzige Ordnung handeln, jede andere Ordnung kann nicht existieren, weil das Wesen der Unendlichkeit der Zahlen aus ihrem geordneten fortlaufenden Vergrößern um die Zahl 1 besteht. Die Unendlichkeit der Zahlen ist nicht einfach die unendliche Menge der Zahlen, sondern ihre Unendlichkeit besteht in ihrer geordneten fortgesetzten Vergrößerung, die mit der Ausdehnung von Raum und Zeit unlösbar verknüpft ist. Nur die drehende

$$(-1)^4$$

erfüllt die Bedingung, die die Unendlichkeit um einen Punkt verlangt. Die Unendlichkeit bleibt als reine Vorstellung der fortgesetzten geordneten Ausdehnung von

Raum
Zeit
Zahlen

Eine unendlich große Menge von Zahlen, die Zahl Unendlich, gibt es nicht. Die Konsequenzen für die Mengenlehre sei den Fachgelehrten überlassen ... Ebenso gilt, daß es keinen unendlich großen Raum an sich geben kann und auch keinen unendlichen Zeitraum.

Frage nach der Umkehrung von e^x. Abends sitzen wir im Restaurant Meuser in Düsseldorf-Niederkassel, dort wo meine Apotheke steht, und essen Speckpfannekuchen. Ich spreche darüber, welche ungeheure Erweiterung meiner Vorstellung vom Wesen der Mathematik die Entschlüsselung der Eulerschen Zahl bedeutet. Jetzt, wo e entschlüsselt ist, werden wir die entscheidende Funktion, die Exponentialfunktion und ihre Umkehrung, also

$$e^x \quad \text{und} \quad \ln x$$

aus dem Primzahlkreuz ableiten. Wir haben bereits eine klare Vorstellung vom Wesen der Unendlichkeit um einen Punkt. Diesen nennen wir Primzahlraum. Betrachten wir jedoch eine Menge von Atomen, also eine Vielzahl von mathematischen Punkten, die alle eine Eigenbewegung haben, versagt unsere Vorstellung vom Primzahlraum. Es ist, als wenn wir nur eine Vorstellung des Raumes entwickelt hätten, aber noch eine weitere existieren muß. Wir werden jetzt damit beginnen, diese aufzufinden und zu untersuchen.

Bisher hielten die Mathematiker und die Philosophen den Raum für ein bloßes Nichts. Wir wissen, daß es ein Nichts nicht geben kann. Die Offenheit des angeblichen Nichts ist die der Zahlenordnung oder des Logos.

Mathematiker als Hoffnungsträger. Die ersten drei Bücher handeln von meinem spannenden Leben und von einer Fülle naturwissenschaftlicher Fragen, die in der Vergangenheit einfach unterschlagen worden sind. Das Vierte Buch bringt jedoch nicht die Lösung für Fragen im traditionellen Rahmen, sondern zeigt, daß die Natur in einer anderen Mathematik angelegt ist. Meine Vorgänger haben sich aufgerieben im Kampf mit ihren naturwissenschaftlichen Kollegen. Entweder sie haben etwas Kleines entdeckt. Dann wurden sie geehrt und hatten den Kampf verloren. Oder sie entdeckten etwas grundsätzlich Neues. Dann wurden sie nicht verstanden und bestenfalls nach ihrem Tode geehrt. Dann hatten sie natürlich auch verloren. Ich werde der erste sein, der diesen Kampf, den man sonst nur verlieren kann, mit einer List gewinnt. Die Mathematik, die die Naturwissenschaftler benutzen, um ihre Experimente abzusichern, ist "richtig". Um aber zu erkennen, was sich hinter dem Rätsel der Natur verbirgt, muß man die Mathematik kennen, in der die Natur selbst angelegt ist. Diese Mathematik ist den Naturwissenschaftlern unbekannt. Wenn es mir gelingt, diese neue Mathematik weiter so auszubauen, daß sie für Mathematiker als Erweiterung ihrer Disziplin erkannt wird, daß diese zum Hoffnungsträger einer wissenschaftlichen Revolution werden, dann ist die Sorte von Naturwissenschaftlern, die ich notwendigerweise bekämpfe, wie in einem großartig angelegten Schachspiel mit einem Zug schachmatt gesetzt.

TEIL 2: DER REZIPROKE ZAHLENRAUM

Die Naturkonstanten:

Die Gravitationskonstante γ

Der absolute Nullpunkt $0K$

Die Euler-Mascheroni Konstante C

Die Entscheidungszahl $ln\,2$

Die Bernoulli-Zahlen B_n

Die mathematischen Funktionen:

Die Hyperbel $1/x$

Die Exponentialfunktion e^x

Der natürliche Logarithmus $\ln x$

Die thermodynamischen Funktionen:

Die Gauß-Verteilung e^{-x^2}

Die Maxwell-Verteilung $x^2 \cdot e^{-x^2}$

Die Boltzmann-Verteilung $e^{-1/x}$

Kapitel 6

Philosophie

Frage nach dem cgs-System. Mit der Ableitung der Fundamentalkonstanten c und h aus der Geometrie des Raumes um ein stabiles Kernteilchen bzw. ein Atom habe ich auf theoretischem Wege jene Werte gefunden, die die Physik bisher nur durch Messungen finden konnte. Beim Vergleich des Meßwertes 2, 9979... und des theoretischen Wertes 3 beträgt die Abweichung 0,0010... Eine ähnliche, noch geringere Abweichung existiert für das Wirkungsquantum. Da die theoretisch abgeleiteten und die experimentell gemessenen Werte dezimale Werte sind, muß jetzt die Frage gestellt werden: Kann es möglich sein, daß die Natur selbst im Zentimeter-Gramm-Sekunde-System angelegt ist?

Bevor ich auf diese Frage eingehe, will ich einen technisch interessierten Menschen, vielleicht einen Mann, der an einer Drehbank arbeitet, befragen. Ich setze voraus, daß er neugierig ist und aufgeweckt. Ich will ihn fragen: "Halten Sie es für möglich, daß unsere atomare Welt in ihrem Inneren aus rein rechnerischen und geometrischen Gründen nach einem Rechensystem angelegt ist, welches das Dezimalsystem ist; daß das physikalische Geschehen nach einem ganz bestimmten System ablaufen muß, über festgelegte Einheiten der Länge, des Gewichtes und der Zeit; daß nach der Entstehung von Sonne, Planet Erde und Leben der Mensch dieses Dezimalsystem entdeckt oder eigentlich wiederentdeckt hat? So daß Sie jetzt mit Ihrer Mikrometerschraube dezimale Einheiten des Zentimeters einstellen, weil Sie in Wirklichkeit selbst nach diesem System erschaffen sind? Sie sollen diese Frage nur aus Ihrem Gefühl beantworten, nicht aus Ihrem Wissen von Schule und Ausbildung." Ich bin überzeugt, dieser Mann würde sagen: "Der Gedanke ist nicht schlecht. Nach dem gleichen Prinzip sind unsere Industrieroboter gebaut. Die arbeiten hervorragend, ohne selbst zu wissen, warum sie gerade nach einem bestimmten System eingestellt sind."

Nun möchte ich mich mit der gleichen Frage an einige kluge und erfolgreiche Fachgelehrte wenden. Hier verhindert die Gelehrsamkeit bei den meisten, überhaupt das Wunderbare an der Frage zu erkennen. Gleichzeitig warnt ihre Klugheit sie davor, sich mit der Frage zu beschäftigen. Denn falls der Gedanke stimmen würde, wäre die Selbstsicherheit der heutigen Naturwissenschaftler in Frage gestellt. Unsere "docta ignorantia", unsere bewußtgewordene gelehrte Unwissenheit, wie es Nicolaus Cusanus ausdrückt, wird dazu mißbraucht,

Wissenschaftler und Philosophen skeptisch zu machen gegenüber der Vorstellung, daß der Mensch mehr kann als nach Wahrheit bloß zu streben.

Wirrwarr der Geschichte. Wir werden uns mit den Grundlagen der Philosophie beschäftigen müssen, um dann an die Frage heranzutreten, was hinter der menschlichen Geschichte steckt. Denn die Einführung von Meter und Kilogramm im Jahre 1795 durch die französische Nationalversammlung — sie glich in jenen Jahren einem Tollhaus —, die Verbreitung dieser neuen Maßeinheiten durch das Genie Bonaparte, das sind geschichtliche Zusammenhänge. Gauß übernahm etwas, dessen Verbreitung Napoleons Kanonen erzwungen hatten. Die zentrale Frage lautet also: Wenn die Natur wirklich in der Längeneinheit Meter, in der Zeiteinheit Sekunde und, bezogen auf einen Einheitsstoff, das Wasser, in der Gewichtseinheit Kilogramm angelegt ist, und dies notwendigerweise im Dezimalsystem, wie ist es dann möglich, daß diese sich in der Geschichte durchsetzen können, und dies ausgerechnet in einer Zeit größten Wirrwarrs? Die Beschäftigung mit dem Primzahlraum führt zu der Unendlichkeit eines unbegrenzten Sichausdehnens oder Fortdauerns. Bevor ich mich der Umkehrung des Unendlich-Großen zuwende, dem Unendlich-Kleinen, und auch dort das Dezimalsystem beweisen werde, will ich das oben erwähnte Wirrwarr der Geschichte untersuchen und angesichts dieser geschichtsphilosophischen Aufgabe allgemein eingehen auf die Frage: Was ist Philosophie?

Philosophieverständnis. Während sich die Wissenschaften definieren lassen, während die Geschichte der Wissenschaften eine klare Verbesserung des menschlichen Erkenntnisstandes zeigt, ist die Philosophie, die "Weisheitsliebe", einerseits die methodisch strenge "Kunst der Begriffe" (Kant), andererseits eine geistige Haltung, zu der ein Mensch gelangen kann. Berufsphilosophen sowie die meisten Verfasser philosophischer Werke waren oder sind in der Regel nur eitle Vertreter eines Berufsstandes, die unter der Philosophie bestenfalls eine Wissenschaft, und heute meist bloß eine historische Wissenschaft, verstehen.

Bei der Frage nach der Natur der Dinge berührt die Philosophie die Frage nach Gott, die Theologie. Auf welche Weise auch immer man zur Philosophie gelangen will, immer steht im Vordergrund die Entscheidung, welche Art Philosophie der Wahrheitssuchende betreiben will. Es gibt drei kulturell umfassende Möglichkeiten, die zugleich drei grundsätzlich verschiedene Stellungen des philosophischen

Gedankens zum religiösen Erleben beinhalten:

europäische Philosophie
indische Philosophie
chinesische Philosophie

1. Die europäische Philosophie hat mehrere Wurzeln, hauptsächlich altägyptische, griechische und keltisch-germanische, wobei die letzte Wurzel — gekennzeichnet durch das Streben nach Unendlichkeit — erst in Denkern wie Cusanus, Leibniz, Kant, Goethe, Fichte, Hegel zum Durchbruch kam. Im Vordergrund stand und steht immer die Frage nach Gott, sofern er rational faßbar ist. Daran ändert auch eine längst atheistisch gewordene Einstellung nichts.

2. Die indische Philosophie kennt keinen persönlichen Gott im Sinne des Monotheismus. Die Weltseele, Brahman, der Urgrund aller Dinge, und Atman, das Ich, die Seele, sind eins. Die vollkommene Loslösung von Gott und jeglicher Schöpfung findet in der buddhistischen Philosophie statt. Sie hat mit Atheismus nichts zu tun und auch nichts mit Pantheismus. Sie kennt den Gottesbegriff einfach nicht. Sie ist das notwendige Gegenteil zur europäischen Philosophie.

3. Die chinesische Philosophie wird von zwei gegensätzlichen Weisheitslehrern geprägt, Konfuzius und Lao-tse. Bei beiden steht die richtige Gestaltung des menschlichen Lebens im Vordergrund[1]. Beide stehen dem europäischen Begriff Gott gegenüber neutral da. Das Göttliche (Tao) ist die Grundgesetzlichkeit des Kosmos selbst, im Konfuzianismus ethisch, im Taoismus des Lao-tse mystisch geprägt. Einen Unterschied zwischen religiöser und philosophischer Welterfassung gibt es nicht.

Die europäische Gegensatz-Einheit. Die europäische Philosophie, auf die ich nun näher eingehen muß, ist ohne die Auseinandersetzung mit dem Christentum nicht denkbar. Die Gegensatz-Einheit von Religion und Philosophie kennzeichnet die ganze abendländische Geistesgeschichte vom Beginn des Christentums an.

Während die Juden auf den Messias warteten, der sie wieder einmal von den Besatzern und den Steuern befreien sollte, wurde ihr größter Sohn geboren, Jesus von Nazareth, der in seiner Heimatstadt für verrückt gehalten wurde. Er verkündete etwas so Neuartiges, daß den Bürgern und erst recht den Schriftgelehrten die Wut hochkam: die vollgültige Gegenwart Gottes in ihm sowie in jedem Menschen.

---

[1] Vgl. Störig, H. J. : Kleine Weltgeschichte der Philosophie, Frankfurt 1987.

Anders gesagt, Gott, der für Unendlichkeit steht, tritt in endlicher Gestalt in Erscheinung. Wenn Jesus, wie später der Prophet Mohammed, mit einer Reiterarmee zurückgekommen wäre, hätten sie den, den sie für verrückt gehalten hatten, geliebt. Nachdem man sich dieses unbequemen Menschen entledigt hatte, erfüllte sich die Prophezeiung, daß dieses auserwählte Volk die ganze Erde beeinflussen würde, auf eine völlig andere Weise als erhofft. Ein griechisch gebildeter Jude, der Apostel Paulus, begriff, daß der Tod am Kreuz, die Erlösung der Menschheit durch Gott selber, genau die Religion war, die die Unterdrückten des römischen Weltreiches gierig aufnehmen würden. Er brachte diese Religion nach Rom, das immer tolerant gegenüber den Religionen der Besiegten gewesen war. Die Römer hatten Religionen in Hülle und Fülle, aber keine, die die große Menge der unteren Bevölkerung oder gar der Sklaven mit Hoffnung hätte erfüllen können. Als Rom die Gefahr erkannte und hart reagierte, da hatten die Christen endlich ihre Märtyrer. Die straff geführte Kirchenorganisation entsteht, und mit Augustinus erhält die Kirche einen Lehrer, der die philosophische Formulierung der neuen Religion so kraftvoll zusammenfaßt, daß die Kirche bald darauf überzeugt ist, nicht nur Mittlerin zwischen Gott und Mensch zu sein, sondern auch Hüterin der einzigen Wahrheit.

Augustins psychologische Trinitätslehre. Augustinus denkt den Trinitätsgedanken (Vater, Sohn, Heiliger Geist) von der platonischen Dreiheit der Seelenkräfte des Menschen her: der väterliche Wille, das göttliche Wort und der Geist der Liebe. Anfangs war die Dreifaltigkeit mehr ein Nebeneinander von allmächtigem Gott, irdischem Jesus und ausgesandtem Geist gewesen. Augustinus führt den spätantiken Höhepunkt eines philosophischen Verstehens des einen Gottes herauf, der gleichzeitig dreifach ist, für Nichtgläubige die widersinnigste Behauptung, für Gläubige ein tief zu verehrendes Geheimnis. Mit diesem Problem werden sich die abendländischen Menschen weitere anderthalb Jahrtausende beschäftigen. Man könnte den Verdacht bekommen, daß Augustinus durch einen geschickten Schachzug das Wunder, wie man die Menschen zum Glauben zwingen kann, gerade durch eine scheinbar widersinnige Behauptung über Gott erreicht. Gerade weil der Gedanke widersinnig ist, werden die Menschen mit ihrem Herzen fühlen, daß der Glaube wichtiger ist als der Verstand — solange es einen Dualismus von Glaube und Wissen gibt. Der Zwiespalt kennzeichnet die abendländische Geschichte, bis hin zur späteren Entzweiung von Religion und Philosophie sowie Religion und Wissenschaft. Aber die Dreifaltigkeit in ihrer Unvorstellbarkeit hatte eine zu große Wirkung auf eine solche Fülle von großen Denkern in allen Jahrhunderten, als daß sie eine psychologische List sein könnte. Es ist so, als wäre ein Same eingepflanzt worden, der viele Jahrhunderte zum Keimen brauchte.

Die ins römische Reich eingefallenen Germanen übernahmen das Christentum. Die "Barbaren" aus Mitteleuropa kamen als Plünderer und erbten eine mediterrane Kultur, die durch Jahrhunderte hindurch entstanden und bis ins Allerfeinste ausgeformt war. Weitere Jahrhunderte braucht es, bis das Vermischen der Rassen und die Neuformung der europäischen Völker abgeschlossen sind. In den Klöstern wird das philosophische Erbe Griechenlands und Roms verarbeitet. Das geht langsam. Aber wer von einem finsteren Mittelalter spricht, begreift nicht, daß die Zeit nötig war zum Keimen des Samens. Die Europäer werden die einzigen sein, denen es gelingt, das Geheimnis der exakten Wissenschaften zu enthüllen, um zum Schluß in atemberaubender Geschwindigkeit die Wunder der Technik zu entdecken.

Augustinus erkennt die Trinität Gottes direkt aus der Dreifachheit des Seienden, besonders der menschlichen Seelenvermögen. Seine Bücher enthalten zahllose Triaden. Er hatte sich mit den Schriften Plotins beschäftigt. "Bei Plotin ist es die Dreiheit des überseienden Einen, des Ideenreiches und der Weltseele[1]." Plotin, der Neuplatoniker, bezieht die Dreiheit von dem Menschen, der das Fundament der abendländischen Philosophie angelegt hat, von Plato, dem Verehrer des Sokrates. "Bei ihm ist im Sein des Guten die Einheit des Guten, Wahren, Schönen gedacht (Symposion), anders ist die Dreiheit von Gott (dem Demiurgen), der ewigen Ideenwelt, auf die er blickt, und des Kosmos des Werdens, den er hervorbringt[2]."

Platonisches Strukturdenken. Plato hat uns das Denkenlernen selbst gelehrt. Ich will ihn nach Pythagoras den Begründer der mathematisch-strukturellen Philosophie nennen, ein Begriff, den ich erklären will. Er hat mit der philosophisch-mathematischen Logik des 20. Jahrhunderts nichts zu tun, deren mathematische Leere nur noch durch die entsprechende philosophische Leere übertroffen wird. Plato teilt die menschliche Seele dreifach in

Denken (Verstand)
Wollen (Begehren)
Fühlen (Beherztheit)

---

[1] Jaspers, Karl: Die großen Philosophen, Erster Band, München 1975, S. 352.
[2] Jaspers, Karl: a.a.O. S. 352.

und bringt diese Dreifachheit in Verbindung mit den vier Kardinaltugenden ʼ

Weisheit
Tapferkeit
Besonnenheit
Gerechtigkeit

Plato setzt hier einzigartig eine Dreifachheit mit einer Vierfachheit in Beziehung. Das nenne ich das Wesen der mathematisch-strukturellen Philosophie: Zu erkennen, daß etwas ist, in diesem Fall die Seele, und daß es wegen seines Seins dreifach ist. Wenn die Seele zum höchsten Guten strebt, bedarf sie des Wirkens, und dieses wird durch die vier Tugenden geprägt.

Nichts kennzeichnet den Menschen Plato so sehr wie die Geschichte seiner Abschiedsvorlesung in der Akademie. Er hatte versprochen, über das Gute zu reden, und von nah und fern mögen seine Freunde und seine Schüler herbeigeeilt sein. Welch ein wunderbares Thema für die Abschiedsrede eines berühmten Menschen, der sich auf den Tod vorbereitet. Und dann: welche Enttäuschung! Die Rede handelte von nichts anderem als dem Wesen der Zahlen. Dieser Mann, der 81 Jahre alt wurde, war schon zu Lebzeiten dort angelangt, wo die Sterblichen, wenn überhaupt, erst nach ihrem Tode hinfinden.

Woher bezieht Plato sein Wissen? Er sagt, daß wir es schon in uns tragen, daß wir uns nur erinnern im Moment des Erkennens der Wahrheit. Ich selber habe mich zwanzig Jahre mit dem verwirrenden Problem auseinandergesetzt, warum es überhaupt dieses nicht fortzudenkende Phänomen der Dreifachheit gibt. Hier sei noch einmal ein Beispiel nicht philosophischer, bewußt nicht mathematischer oder naturwissenschaftlicher Art genannt, ein Beispiel aus der Betriebswirtschaftslehre, die Frage nach dem Wesen einer Firma, die spezifische Produkte herstellt. Die Antwort lautet: Eine solche Firma besteht immer aus der Dreifachheit von

Entwicklung
Produktion
Vertrieb

Warum, wissen wir nicht. Aber wenn wir uns mit der Frage nach dem Wesen unserer Welt beschäftigen, kann unsere Aufgabe überhaupt nur die sein, die Dreifachheit zu entdecken. Das ist Plato gelungen. Und alle Philosophen nach ihm, bis zum heutigen Tag, die dieses mathematisch-strukturelle Erbe nicht wahrten, wurden ihrer Aufgabe nicht gerecht. Dieses Urteil klingt grausam. Aber diese Welt war immer nur Kampf: Die wenigen Klugen gegen die vielen, die nur klug scheinen und deren verborgene Dummheit in der Regel mit Tugendlosigkeit einhergeht. Warum die Dreifachheit existent ist, warum es daneben eine Vierfachheit gibt oder die Platonischen Körper gar fünffacher Art sind, konnten die Philosophen nicht herausfinden. Aber für die Dreifachheit besaß Augustinus eine Ahnung. Sie existiert, weil Gott dreifach ist.

Die Frage nach der Zeit. Augustinus hat Plato selbst nicht gelesen. Die Zeiten waren, wie immer, schlecht, und Platos Werke waren nicht greifbar. Bei seiner Konversion zum Christentum nimmt Augustinus den Schöpfungsgedanken aus dem Alten Testament. Erst im zwölften Jahrhundert tauchte der Timaios[1] wieder auf und muß auf die Menschen, die fast tausend Jahre niemals etwas anderes gehört hatten als Schöpfung, wie das Alte Testament sie beschreibt, höchst verwunderlich gewirkt haben. Jetzt war die Zeit reif für die ersten, die vorsichtig zu fragen begannen, was Raum und Materie sind.

Die Frage nach der Zeit hatte schon Aristoteles gestellt und Zeit eindeutig mit dem Wesen der mechanischen Bewegung in Verbindung gebracht. Augustinus philosophiert als erster existentiell über die Zeit, aber gerade er, der in allem die göttliche Dreiheit empfand, erkennt nur die Gegenwart als real. Die mit unseren Sinnen erfaßbare, linear verlaufende Zeit verwischt bei ihm die Dreifachheit von

Zukunft

Gegenwart

Vergangenheit

Erste Erfassung des Unendlichkeits-Begriffes. Tausend Jahre später befaßt sich ein deutscher Kardinal aus Kues an der Mosel mit der Frage nach der Größe des Weltalls. Der Renaissance-Mensch,

---

[1] Plato beschreibt in diesem Werk unter anderem einen Spiegel, der aus zwei rechtwinklig zueinander stehenden Elementen besteht und der die Gegenstände umkehrt. Es ist der von mir so bezeichnete Raumspiegel. In den deutschen Übersetzungen von Timaios 46b wird die Versuchsanordnung völlig unkenntlich, indem es z.B. heißt, daß die "glatte Spiegelfläche sich hier und dort erhebt" (Schleiermacher-Übersetzung), etwas deutlicher: "wenn die glatte Oberfläche des Spiegels zu beiden Seiten aufwärts gewölbt wird" (Apelt, Nachdruck Meiner 1988).

den die Gelehrten später den Cusaner nennen, schafft es, eine geistige Barriere zu überwinden, die den Menschen bis dahin zu überwinden verwehrt war. Er erkennt, daß der Weltraum, daß der Raum an sich unendlich sein muß, genauso wie die Zeit und die Zahlen. Wir wissen nicht, warum es plötzlich im Abendland gelingt, den Unendlichkeitsbegriff scharf zu fassen. Doch wir dürfen vermuten, daß in dieser Fähigkeit ein zutiefst eigenes Merkmal des mitteleuropäischen Menschen liegt[1]. Wir können den Vorgang mit der Renaissance-Malerei vergleichen. Auch dort gelingt ja etwas Neues. Der Künstler gewinnt die Perspektive. Die Meister messen und gelangen so geometrisch zum Quadratgesetz. Mit der Auffassung des Cusanus, daß Gott die Welt nach mathematischen Prinzipien geschaffen hat, wäre allein nichts Neues gewonnen. Aber seine Feststellung, daß sie sich dann auch nur durch mathematische Betrachtungsweisen verstehen läßt, spitzt das abendländische Grundproblem zu: den Zwiespalt von Glauben und Wissen. Die Philosophie, durch das Christentum zur Magd der Theologie geworden, befreit sich aus dieser Dienerschaft und leitet für das Christentum eine tödliche Gefahr ein. "Das Christentum steht und fällt mit der Auffassung des Menschen als eines ursprünglich 'aus Gott' hervorgegangenen Wesens, das nachträglich seine Höhe verlor und durch Schuld und Sünde in die Situation der historischen Menschheit geraten ist[2]." Wenn sie einmal ausgesprochen ist, die Wahrheit, daß der Raum unendlich ist, dauert es nicht mehr lange, bis die Naturwissenschaften mit dem naiv mythischen Verständnis der Heiligen Schriften aufräumen. Wenn die Erde als Kugel um die Sonne fliegt, wenn die Sterne Sonnen sind, wenn das

---

[1] In einzigartiger Weise hat Oswald Spengler dieses Thema behandelt. Im Unterschied zum antiken Menschen, der in einer "Physik der Nähe" lebte, er-findet der faustische Mensch den unbegrenzten Raum, die "Physik der Ferne". Vergleiche Kap. 6 "Faustische und apollinische Naturerkenntnis", Untergang des Abendlandes, Bd. 1. — Zur religiösen Denkform des mitteleuropäischen Menschen vgl. Hunke, Sigrid: Europas eigene Religion, 2. Auflage Bergisch Gladbach 1983; vgl. dieselbe: Vom Untergang des Abendlandes zum Aufgang Europas, Bad König 1989. — In der Tat muß ein "neues Europa" aus neuen Ideen hervorgehen. Andernfalls bewahrheitet sich die Skepsis der Europäer, daß da nur ein Mehr an Verwaltung, Nivellierung, Kosten und politischer Profilierungssucht auf uns zukommt.

[2] Hemleben, Johannes: Teilhard de Chardin. Reinbeck bei Hamburg, 1966. S. 160.

Universum nicht 6000 Jahre zuvor geschaffen wurde, dann hat es auch Adam und Eva im Sinne der wörtlich verstandenen biblischen Geschichten nicht gegeben.

Mit Giordano Bruno beginnt der Kampf. Er bezeichnet das Universum als etwas Einziges, Unendliches, sowohl räumlich wie zeitlich, als nicht erschaffen. Sein Genie schafft es zuerst, die mathematische Erkenntnis auszusprechen, daß ein unendlicher Raum auch unendlich viele Mittelpunkte haben muß. Die unendlich vielen Punkte führen ihn zur Idee der Monaden, die später Leibniz übernehmen wird. Wenn die Beschaffenheit von Raum und Zeit der Vernunft verbietet, Gott als einen Wagenlenker dieser Welt zu sehen, muß Gott ein anderer sein. Der Nolaner[1] begreift, daß Gott nicht über der Welt ist, sondern in ihr. Dieser Gedanke, der über Spinoza, Leibniz, Goethe und Hegel weitergegeben wird, ist viel zu großartig, als daß er vom Gottesgedanken des Alten Testamentes aufgehalten werden könnte. Mehr als dreihundert Jahre später wird dieser Gedanke von Pierre Teilhard de Chardin auf den Schlachtfeldern im Jahre 1916 niedergeschrieben. "Der Christus in der Materie", dieser Titel weist auf eine religiöse Philosophie der Zukunft.

Kantisches Strukturdenken. 1781 erscheint die "Kritik der reinen Vernunft" von Immanuel Kant. Mit diesem dritten Philosophen mathematisch-struktureller Prägung nach Plato und Augustinus kommt die Philosophie der Neuzeit voll zum Durchbruch. So wie nach Erscheinen der "Principia" von Newton keine Physik mehr möglich war ohne die darin ausgesprochenen Gesetze, so ist auch Philosophie nach Kant nicht mehr möglich ohne die "Kritik der reinen Vernunft". Kant hat zehn Jahre an dem Werk geschrieben. Er hat deutlich gespürt, daß er erst reifen mußte, um mit diesem Werk zu beginnen, das in seinem 57. Lebensjahr erschien. Wenn ich Plato den Begründer der mathematisch-strukturellen Philosophie genannt habe, so ist Kant ihr Erneuerer.

Kennzeichnend für Kants "Kritik" ist das strukturelle Denken, das zum scharfen Erkennen und Fassen der Dreifachheit und ihrer Verknüpfung mit der Zahl Vier führt. Die Analytik der Begriffe behandelt im ersten Hauptstück, zweiter Abschnitt, die logische Funktion des Verstandes in Urteilen und beginnt folgendermaßen:

"Wenn wir von allem Inhalte eines Urteils überhaupt abstrahieren, und nur auf die bloße Verstandesform darin achtgeben, so finden wir, daß die Funktion des Denkens in dem-

---

[1] Giordano Bruno stammte aus Nola bei Neapel.

selben unter **4** Titel gebracht werden könne, deren jeder **3** Momente unter sich enthält."

Dazu ein Beispiel, und zwar über die Quantität der Urteile:

Allgemeine
Besondere
Einzelne

Diese Urteilsformen dienen Kant zum Auffinden der Kategorien. Parallel zu der als Beispiel genommenen Dreiheit in der Quantität der Urteile kommt er zu den Kategorien der Quantität:

Einheit
Vielheit
Allheit

Die Quantität der Urteile stellt aber nur eine Kategoriengruppe unter vieren dar. Es ist höchst erstaunlich, daß Kant in diesem Fall den Rahmen der Triplizität (die eigentlich die jeweilige Synthese einer ursprünglichen Dualität darstellt) sprengt und zu einer von den Philosophen nicht erklärten Vierfachheit gelangt:

Quantität
Qualität
Relation
Modalität

Trotz des ungeheuren Einflusses, den Kants drei Kritiken

Kritik der reinen Vernunft
Kritik der praktischen Vernunft
Kritik der Urteilskraft

ausübten, wurde der strukturelle Kern ihres Aufbaus gemäß der Kategorientafel niemals ernstgenommen und ex causis ultimis verstanden.

"Hätte man Kants Kategorienprogramm weitergeführt, so hätte sich ein philosophisch-logischer Strukturalismus entwickelt, der uns unzählige philosophische Umwege sowie unermeßliche außerphilosophische Unkosten erspart hätte.

Denn das strukturale Paradigma vereint logische Strenge mit philosophischer Wesentlichkeit, Bescheidenheit mit umfassendem Ausgriff des Erkennens[1]."

---

[1] Heinrichs, Johannes: Die Logik der Vernunftkritik. Kants Kategorienlehre in ihrer aktuellen Bedeutung, Tübingen 1986, S. 27.

Zahlen, die dritte Form der Unendlichkeit. Kant fragte: Wie ist reine Mathematik möglich? Dafür muß ich auf den Teil seiner ersten "Kritik" eingehen, den Kant transzendentale Ästhetik[1] nennt. Raum und Zeit sind a priori gegeben. Da die Geometrie sich mit räumlichen Verhältnissen befaßt, und die Arithmetik, das Zählen, auf dem Aufeinanderfolgen in der Zeit beruht, gelangen wir zur reinen Mathematik nicht über die Erfahrung.

An dieser Stelle aber ist mir, um mit Kant zu sprechen, vor Jahren "ein Licht aufgegangen". Wie viele Vorstellungen gibt es eigentlich, die direkt mit dem Begriff der Unendlichkeit verknüpft sind? Bei Kant sind es nur zwei, nämlich Raum und Zeit. Die Zahlen, die ja auch unendlich sind, leitet er aus dem Wesen der Zeit ab. Aber müssen es nicht

3

verschiedene Gegebenheiten a priori sein, die notwendigerweise unendlich sind? Hier, erkenne ich, stimmt etwas nicht bei Kant. Ich brauche fast zehn Jahre, bis ich, im Frühjahr 1989 in Davos, das Problem packe. Wenn die Unendlichkeit als Vorstellung existiert, dann ist sie der Grund, warum die materielle Welt von uns nicht enträtselt werden kann. Ich begreife die Unendlichkeit als die Dreifachheit von

Raum

Zeit

Zahlen

Philosophie als Unendlichkeits-Denken. Das Werden der abendländischen Philosophie ist, wenn wir sie von allem befreien, was den Blick ablenkt, ein logisch-mathematischer Entstehungsprozeß. Die großen Philosophen und Mystiker haben die Existenz der Dreifachheit und die in anderer Hinsicht existierende Vierfachheit immer wieder aus sich selbst heraus entdeckt. Die Einstein-Formel in ihrer quadrierten Form ist, wenn wir sie in ihrer philosophischen Tragweite verstehen, ein Triumph abendländischen Geistes, gleichwohl die Tat aller Menschen, die je gelebt haben. Darin sind Raum, Zeit und Zahlen auf der einen Seite der Gleichung vereinigt:

$$3^4 \cdot \frac{cm^4}{s^4}$$

---

[1] Gemeint ist mit Ästhetik die Untersuchung über sinnliche Wahrnehmung und nicht, wie im sonstigen Sprachgebrauch, Geschmacksurteile.

Die philosophische Erkenntnis der Neuzeit ist auf einen einzigen Grundvorgang zurückzuführen, auf die geistige Verarbeitung des Wesens der Unendlichkeit, für mich gipfelnd in der Erkenntnis, daß die Zahlen neben Raum und Zeit das dritte Unendliche sind.

1. Mit Raum ist hier eine unendliche Vorstellung gemeint, in der jeder Körper notwendigerweise drei Dimensionen besitzt.

2. Mit Zeit ist hier die unendliche Vorstellung gemeint, in der jede Bewegung einen Abschnitt darstellt. Jeder Zeitabschnitt wiederum hat notwendig eine Dreifachheit an sich — Gegenwart, Vergangenheit, Zukunft.

3. Mit Zahlen ist die Unendlichkeit des Zählens gemeint, jede Zahlenmenge besteht aus Zahlen, die sich von den Elementarzahlen 1, 2, 3 ableiten.

Die Begriffe Raum, Zeit und Zahlen sind rein **gedankliche Vorstellungen**. Ihre Verwirklichung als **existierende Welt** ist nur möglich über die Idee des geometrischen Punktes und der vierfachen Struktur der Zahl 1 (Quadropol). Daraus folgt konsequent die von mir entwickelte Vorstellung des Primzahlkreuzes, also der vierten Dimension. Die Zahl

$$4$$

stellt in diesem Universum nicht nur einen Exponenten dar, nicht nur die Zahl hoch 4, sondern sie wird zur Form, über die die Unendlichkeit in ihrer reziproken Form in **Erscheinung** treten kann. Materie und Energie sind notwendige reziproke Seinsformen der Unendlichkeit.

Wahre und falsche Unendlichkeit. Wenn sich im Endlichen die Unendlichkeit widerspiegelt, erweist sich der Gedanke von Leibniz als wahr, daß sich in jeder Monade das Ganze der Wirklichkeit auf verschiedene Weise konkretisiert. Hegel hat mit Recht darauf hingewiesen, daß ein sich unendlich erweiternder Raum, eine sich unendlich fortsetzende Zeit sowie eine ins Unendliche verlaufende Dezimalzahl "schlechte" Unendlichkeiten sind, genauer: wären. Denn solche Unendlichkeiten gibt es in Wahrheit nicht. Es gibt nur die Unendlichkeit im Singular, und das ist die Dreifaltigkeit von Raum, Zeit und Zahl.

Wir hatten die Zahl minus 1 als Raumspiegelbild der Zahl 1 erkannt. Dieses gespiegelte Eine setzt sich aus den unendlichen Zahlen e und π und aus der imaginären Zahl i, die sich unseren Vorstellungen entzieht, zusammen. Das heißt mit anderen Worten, die Unendlichkeit(en) erweist(en) sich als "Bedingung der Möglichkeit" (Kant) der

Eins. Wäre die Unendlichkeit bloß eine "schlechte" im Hegelschen Sinn des bloßen Immerweiter, dann könnte sie nicht die endliche Zahl 1 wie alle endlichen Zahlen konstituieren.

Quadrat des Quadrates. Weil die Zahl 1 auf vierfache Weise strukturiert ist, besitzt auch die Unendlichkeit diese Struktur. Hatte ich noch bei der ersten Fassung dieses philosophischen Kapitels darauf hingewiesen, daß Kants Kategorienlehre eine intuitive Erfassung der Wahrheit durch den großen Philosophen darstellt und niemand bisher die Vierfachheit der Kategorien mit dem Quadropol von Spiegelbildern der Zahl 1 verglichen hat, so verwies mich zu meiner Verblüffung Johannes Heinrichs auf sein Buch "Die Logik der Vernunftkritik". Es ist bemerkenswert, daß ein anderer Mensch parallel zu meinen mathematischen Überlegungen philosophisch zu analogen Ergebnissen kommt. Nicht nur die Struktur der Vierfachheit, sondern auch der mathematische Ausdruck hoch vier (Quadrat des Quadrates) wird als wesentlich für die Gliederung eines philosophischen Sachgebietes aufgezeigt: In der Gliederung des Endlichen zeigt sich die Struktur des Unendlichen selbst (J. Heinrichs).

Die Grundfrage philosophischen Glaubens. Die theologische Fassung des Unendlichkeitsbegriffes und seiner Dreifachheit: das ist die Dreifaltigkeit, die die großen Denker des Abendlandes in sich gespürt haben, die sie aber nicht begrifflich adäquat, gar mathematisch aussprechen konnten. Jeder von ihnen war in seine geschichtliche Zeit hineingeboren, und die Qualität der geschichtlichen Zeit spiegelt sich immer im Zustand der wissenschaftlichen Erkenntnisse. Nach Goethes Wort ist "das eigentliche, einzige und tiefste Thema der Welt- und Menschengeschichte, dem alle übrigen untergeordnet sind, der Konflikt des Unglaubens und Glaubens[1]." Vereinfacht läßt sich sagen: Es gab immer Menschen, die daran geglaubt haben, daß dieses Universum einen Bauplan besitzen muß und daß es unsere Aufgabe ist, ihn zu finden. Das Wesen dieses Bauplans ist, wie ich gezeigt habe, in den Zahlen 3 und 4 enthalten. Jene Menschen haben es gespürt, die anderen nicht.

Zufall — Freiheit — Notwendigkeit. Zurück zur geschichtsphilosophischen Grundfrage bezüglich Freiheit und Notwendigkeit: Wie läßt sich zum Beispiel die Festlegung der dezimalen Maßeinheiten mitten in den politischen Wirren der französischen Revolutionszeit

---

[1] Störig, H. J.: Kleine Weltgeschichte der Wissenschaft, Band 1, Frankfurt 1982.

verstehen? Die Geschichtsphilosophie läßt sich wie alle Wissenschaften auf eine Frage reduzieren: Ist die menschliche Geschichte eine Kette zufälliger Ereignisse, oder gibt es darin Plan und Notwendigkeit? Aristoteles vertrat dazu folgenden Standpunkt: Der Ausgang einer Schlacht steht am Abend nach der Schlacht fest. Wäre das wahr, wäre es nur eine Binsenweisheit. Demgegenüber steht die Behauptung, daß der Ausgang einer Schlacht am Abend vor der Schlacht feststeht. Bisher war es nicht möglich, eine Entscheidung zu fällen. Von solchen dialektischen Doppel-Behauptungen hat Kant insgesamt vier nachgewiesen. Die Frage nach dem Ausgang der Schlacht, diese Antinomie, drückt er, als vierte seiner Antinomien, folgendermaßen aus[1]:

Satz
In der Reihe der Welturschen ist irgendein notwendig Wesen.
Gegensatz
Es ist in ihr nichts notwendig,
sondern in dieser Reihe ist alles zufällig.

Kant hat gezeigt, daß unsere Grenzen genau dort liegen, wo unser Wissen aufhört (Kritik der reinen Vernunft). In der "Kritik der praktischen Vernunft" geht er jedoch von dem in der objektiven Erscheinungswelt nicht erkennbaren Faktum der Freiheit aus. Die geschichtsphilosophische Grundfrage lautet: Wie ist dieses Faktum der Freiheit, das wir als Voraussetzung allen Verantwortungsgefühls und aller Sittlichkeit anerkennen müssen, mit geschichtlicher Notwendigkeit, mit so etwas wie "Vernunft in der Geschichte" (Hegel), vereinbar? Scheinbar bringt die Freiheit nur Chaos in die Welt, siehe die Wirren zur Revolutionszeit.

Kreisprozeß der Geschichte bei Vico. Der erste Mensch, der erfaßt zu haben scheint, daß nicht nur die Naturgesetze einer mathematischen Ordnung, sondern auch die zeitgeschichtlichen Abläufe der menschlichen Gesellschaft bestimmten Gesetzen gehorchen, heißt Giambattista Vico. Geschichtsforscher gab es lange vor ihm. Aber zu durchschauen, was hinter den Zeitprozessen steht, ist das Wesen von Vicos "Neuer Wissenschaft"[2]. Bislang wurde alle Geschichte im Sinne der christlichen Lehre als ein einmaliger Heilsvorgang emp-

---

[1] Kant, Immanuel: Prolegomena, Hamburg 1965, S. 102.
[2] Vico, Giambattista: Die neue Wissenschaft über die gemeinschaftliche Natur der Völker, veröffentlicht 1725 in Neapel, Neudruck Berlin 1966.

funden. Keinem Menschen war der Gedanke gekommen, zu fragen, warum es überhaupt verschiedene Völker, Zeitalter, Sprachen, Verfassungen, Sitten gibt. Vicos Buch hat denn auch niemanden seiner Heimatstadt interessiert. Vielleicht ist es auch zu bestürzend, was dem Leser da an Dingen immer dreifacher Art entgegenschlägt. Wenn Vico davon spricht, daß es nacheinander drei Sprachen gegeben hat, die erste "eine stumme Sprache durch Gebärden oder Körper, die eine Wesensbeziehung zu dem auszudrückenden Gegenstand"[1] hatte, die zweite eine heroische, die dritte die menschliche, muß man daran denken, daß hundert Jahre später die Brüder August Wilhelm und Friedrich von Schlegel tatsächlich nachwiesen, daß es auf dieser Erde drei große Formen der Sprache gibt[2]:

1. isolierende Sprachen, zum Beispiel das Chinesische,
2. agglutinierende Sprachen, zum Beispiel Turk-Sprachen,
3. flektierende Sprachen, zum Beispiel indogermanisch.

Statt nun in dieser Dreifachheit eine höchst folgenreiche Erkenntnis zu erblicken, denn der Mensch spricht ja nicht nur in seiner Sprache, wir denken auch mit Worten und Sätzen — sprechen, hören, denken, das ist eins —, wurde ungeheure Mühe entfaltet in den nächsten hundert Jahren, noch den letzten Dialekt in Neuguinea zu untersuchen. Um die Bücher über Sprachforschung zu lesen, würde man ein Leben brauchen, wäre jedoch der Antwort auf die Frage, was sich hinter dem Wesen der Sprache verbirgt, keinen Schritt näher gekommen; Vico und auch von Schlegel, das ist alles zugeschüttet worden von Fachwissen.

Vico hat den Kreisprozeß entdeckt, der für alle Völker auf immer höherer Ebene abläuft, wie etwa die unerbittliche Dreifachheit von der Barbarei zum Humanismus in die Korruption.

Hegels List der Vernunft. Noch umfassender geht im 19. Jahrhundert G. W. F. Hegel vor, dessen dreistufiger Aufbau der Philosophie und dessen ungeheures Interesse an Weltgeschichte ihn zum

---

[1] A.a.O., S. 18.

[2] Störig, H. J., a.a.O., Band 2, S. 340. — Wilhelm von Humboldt erweitert die obige Dreiheit zu einer Vierheit, indem er unter den flektierenden Sprachen weiter unterscheidet. Oben werden die Sprachen jedoch im Hinblick auf ihre ursprüngliche Naturgegebenheit in Betracht gezogen, vergleichbar den drei Menschenrassen. Daher kommt die genannte Dreiheit ins Spiel. Etwas anderes ist die Systematik der Sprache, wie sie sich als menschliches Handlungssystem entfaltet.

führenden Geschichtsphilosophen überhaupt gemacht haben. Das dialektische "Schema"

These
Antithese
Synthese

wendet Hegel auf die gesamte Weltgeschichte an. Diese Fülle an Dreifachheit, die uns aus seinen Schriften entgegenschlägt, wirkt wie ein Schiffsgeschütz. Der ganze Weltprozeß ist für Hegel ein dreistufiger Prozeß der Selbstentfaltung des Weltgeistes. Durch die Weltgeschichte soll der Geist zum vollen Bewußtsein seiner selbst gelangen. Dieser Weltgeist handelt, der einzelne Mensch ist nur ausführendes Organ. Während der Feldherr noch glaubt, der Krieg, mit dem er den Nachbarn überzogen hat, sei allein seine Tat, ist das Einbildung. Nach Hegel werden der einzelne, ein Volk, ein ganzes Zeitalter zu notwendigem Teilnehmen am Weltgeschehen verpflichtet. In den individuellen Freiheiten und durch sie hindurch waltet ein überindividuelles Notwendigkeitsgesetz. In den Zielsetzungen wenig erleuchteter und egoistischer Individuen verwirklicht sich etwas ganz anderes, als diese meinen: die "List der Vernunft". Damit ist der Zufall, genauso wie bei Vico, im wesentlichen ausgeschlossen. Er stellt lediglich ein Phänomen der Oberfläche dar. Nach Hegel hat niemand mehr die Autorität besessen, das Wesen der Geschichte auf ihre Notwendigkeit zurückzuführen und — das scheint mir wichtig — auf ihre Einzigartigkeit. "Hegel sagt: Alle Geschichte geht zu Christus hin und kommt von ihm her; die Erscheinung des Gottessohns ist die Achse der Weltgeschichte. Für diese christliche Struktur der Weltgeschichte ist unsere Zeitrechnung die tägliche Bezeugung[1]."

Jaspers: Achsenzeiten. Der dritte und letzte Geschichtsphilosoph, Karl Jaspers, mit dem ich mich beschäftigen möchte, geht die Frage nach dem Zufall in unserer Geschichte konsequent an durch eine Untersuchung der sogenannten Achsenzeit. In seinem Buch "Vom Ursprung und Ziel der Geschichte" zitiert er Lasaulx und Viktor von Strauß, die darauf hingewiesen haben, wie auffallend es ist, daß gleichzeitig an drei verschiedenen Orten dieser Welt zum gleichen Zeitpunkt, nämlich etwa 500 vor Christi Geburt, "wundersame Geistesbewegung(en)" stattfanden[2]. In China lebten Konfuzius und Laotse,

---

[1] Jaspers, Karl: Vom Ursprung und Ziel der Geschichte, München 1963, S. 19.
[2] Jaspers, Karl: a.a.O., S. 28.

in Indien Gautama-Buddha und im Mittelmeerraum der Prophet Jeremias und die Griechen Thales, Pythagoras und Heraklit. Jaspers nennt dieses Zeitalter, in dem die "Grundkategorien" entstanden, "in denen wir bis heute denken", Achsenzeit. Er beschreibt den Tatbestand der "dreifach erscheinenden Achsenzeit" als ein Wunder, weil wir es nicht erklären können und es kein Zufall sein kann, wehrt sich aber gleichzeitig dagegen, daß damit ein "Eingriff der Gottheit" bewiesen sei.

Aus dem Dilemma, in dem er sich nun befindet, befreit er sich durch die Einsicht in eine strukturelle Verbundenheit der Ereignisse als Dreifachheit des Ursprungs. Hieran knüpft er einen weiteren bedeutenden Gedanken. Er bezeichnet die geschichtliche Tatsache der Dreifachheit des Ursprungs indirekt als das beste Mittel gegen die Irrungen der Ausschließlichkeit einer Glaubenswahrheit. Der Hochmut des Abendlandes hinsichtlich seines Glaubens, aber auch seine dogmatischen Philosophien und wissenschaftlichen Weltanschauungen werden dadurch überwindbar, daß Gott sich geschichtlich auf mehrfache Weise gezeigt hat. "Es ist, als ob die Gottheit durch die Sprache der Universalgeschichte warne gegen den Anspruch der Ausschließlichkeit[1]."

Jaspers war ursprünglich Mediziner, Psychiater. Er wechselte zur Psychologie und gelangte zur Philosophie, die sein Leben ausfüllte. Er, der Nicht-Fachphilosoph, erhielt einen Lehrstuhl für Philosophie. Sein großer Geist führte ihn auch zu geschichtsphilosophischen Fragen, nicht gerade zur Freude der Fachphilosophen und Fachhistoriker. Ich erwähne dies, weil davon auszugehen ist, daß aus diesen beiden Fachgebieten in diesem Jahrhundert niemand mehr gewagt hat, Philosophiegeschichte wie im Falle der Achsenzeit bei Jaspers auf eine Dreifachheit zurückzuführen[2].

Willkür und Zufall. Etwa zum Zeitpunkt meines Abiturs erfand ich eine kleine Geschichte. Wie ich, aus dem Gartentor an der Icklack 17 heraustretend, mir die Frage stelle: Soll ich, um in die Stadt zu kommen, rechts die Straße hinuntergehen zur Linie 15 oder links zur Linie 9? Es könnte doch sein, daß einer der beiden Wege mich direkt unter ein Auto, der andere dagegen mich zu einer Frau führen könnte, die ich später heirate. Mir widerstrebte die Vorstel-

---

[1] A.a.O., S. 41.
[2] Was geschichtliche Abläufe betrifft, wird die Hegelsche Triplizität bei J. Heinrichs zu einer strukturellen Vierfachheit erweitert. Vgl. Reflexion als soziales System, Bonn 1976, Paragraph 11.

lung, daß links oder rechts Zufall sein können, ich war überzeugt davon, daß mein Leben unmöglich von einer "zufälligen", das heißt völlig grundlosen Entscheidung abhängen kann.

Der Mensch muß so etwas besitzen wie Freiheit, oder er wäre nur ein hochentwickeltes Tier, das an einer Leine geführt wird. Der Preis dafür, daß er sich an der Türe für rechts oder links entscheiden darf, also sein zukünftiges Geschick dem "Zufall" überlassen darf, besteht darin, daß ihm weitgehend die rationale Erkenntnis für seine Freiheitsentscheidungen versagt ist. Weil die Lösungen, zu denen er kommt, nicht beweisbar sind. Bevor ich 30 Jahre alt wurde, begann ich schon zu resignieren und war erfüllt von Verachtung für die "großen" Philosophen und Mathematiker dieses Jahrhunderts. "Diese Herren Heidegger, Popper, Wittgenstein, Russell, Poincaré, die wissen doch genau", höhnte ich, "daß etwas nicht stimmt. Wenn die Mut hätten, die Wahrheit auszusprechen, daß wir den Hintergrund dieser Welt nicht kennen, wäre die Welt wenigstens ehrlicher. Und die Wissenschaftler würden nicht mit solch frechen Gesichtern rumlaufen. Statt dessen sind sie mit ihrer Stammelei längst am Ende." Und dann kam der Tag, wo ich nachts, bei klarem Verstand, während ich ein Physikbuch las, jene Erscheinung hatte, mit der ich in die Zukunft schauen konnte. Das zu schauen, was uns zu Lebzeiten zu schauen verboten scheint, war mit dem Tod eines anderen Menschen, Helga Plichta, verknüpft. Von diesem Moment an war mir anscheinend als einzigem Wissenschaftler unserer Zeit etwas bekannt, nämlich die Antwort auf die Frage "Zufall?". Von meiner Person wußte ich, daß ich das Rätsel der materiellen Welt lösen würde.

Damit stand fest, daß für einen Menschen sein Leben in wesentlichen Grundzügen "vorherbestimmt" ist, und ich hatte die Antwort auf die Frage an dem Gartentor, "links oder rechts?": Meine scheinbar grundlosen Entscheidungen dienen, so oder anders, der Durchsetzung einer "vorbestimmten" Aufgabe in meinem Leben. Ob das Schicksal der anderen Menschen, außer dem von Helga, ebenfalls "vorherbestimmt" ist, hat mich mit dreißig Jahren nicht interessiert. Das einzige, was ich tun konnte, war, abzuwarten, bis sich mein eigenes Schicksal erfüllte. Dann erst könnte ich sagen, ob die Erscheinung nicht vielleicht doch eine Gaukelei des Gehirns dargestellt hat. Jetzt, nachdem zwanzig Jahre vergangen sind, nachdem ich das Rätsel der Planck-Einstein-Gleichung gelöst habe, kann ich folgendes behaupten: Hinter dem Aufbau dieser Welt und ihrem geschichtlichen Ablauf steht ein und dasselbe Gesetz, wenn auch in verschiedener Weise.

Die Zahl der Entscheidung. Wir wollen die Links-oderrechts-Entscheidung, den klassischen Dualismus zwischen Ja oder Nein, Zahl oder Wappen, kurz mathematisch beleuchten. Das sogenannte Galtonsche Brett besitzt oben einen Trichter, in seinem mittleren Teil quadratisch über Eck eingesetzte Nägel und unten eine Reihe schmaler, oben offener Kästchen (vgl. S. 150). Schüttet man oben in den Trichter Schrotkörner, fallen diese auf ihrem Weg nach unten in regelmäßiger Weise an die Nägel und werden so in ihrer ursprünglichen Laufrichtung abgelenkt. Die Verteilung in den Auffangkästchen besitzt die Form einer Glockenkurve (Gauß-Verteilung). Die Frage lautet: Wie kann eine Versuchsanordnung, die aus rein dualen Entscheidungen besteht, zu einer Verteilung führen, die der Naturkonstanten e gehorcht? Ein Kügelchen muß sich bei jedem Nagel, den es berührt, lediglich "entscheiden", ob es nach links oder nach rechts fällt. Die Entscheidung links oder rechts stellt zwei mögliche Ereignisse dar. Wir dürfen also die Frage stellen: Was hat die Zahl 2 mit der Naturkonstanten e zu tun? Die Entscheidung, ob die Kugel links oder rechts fällt, ist (wie in Kapitel 8 gezeigt wird) ein reines Raumproblem. Die Kenntnis über den Primzahlraum hilft uns hier nicht unmittelbar weiter. Doch der Verdacht ist geweckt, daß neben der Universalität der Zahlen 3 und 4 sowie der 1 der Zahl 2 eine tiefe, noch verborgenere Grundbedeutung zukommt. Sie ist **die Zahl der Entscheidung**, der sogenannten Zufallsketten sowie analog der Freiheitsgeschichte. Wenn es also gelingt, den Zusammenhang zwischen e und der Zahl 2 herauszufinden, wird die Frage nach dem Zufall in einem neuen Licht erscheinen.

Die drei Bestandteile einer Naturkonstanten. Ich war zu Beginn des Kapitels von der Frage ausgegangen: Kann es denn sein, daß das Gramm-Zentimeter-Sekunde-System, das in Europa entstanden ist, genau das System darstellt, in dem das Universum angelegt ist? Ausgehend von der Erkenntnis, daß alle Physik auf die Begriffe

Masse
Länge
Zeit

zurückzuführen ist, haben die Physiker längst nicht nur für die Massen- und Längeneinheiten versucht, kleinste Größen einzuführen, sondern auch nach einer kleinsten Zeit gesucht. Alle Versuche dazu sind gescheitert. Da aber jetzt bewiesen ist, daß die Naturkonstanten

$$e, \; i, \; \pi, \; c, \; h$$

die empirisch gefunden worden sind, gerade denen entsprechen, die ich zahlenmäßig aus der Unendlichkeit entwickelt habe, und da feststeht, daß das dezimale Rechensystem das Zahlensystem des Universums selbst ist (der endgültige Beweis erfolgt in Kapitel 8), ist davon auszugehen, daß für die Dimensionen Masse, Länge, Zeit auch natürliche Dimensionseinheiten existieren. Welche das sind, war den Menschen bisher verschlossen. Es sind tatsächlich die Größen, mit denen wir rechnen. Eine physikalische Naturkonstante besteht immer aus drei Größen:

Zahlenwert
Faktor
Dimensionseinheit

zum Beispiel $c = 3 \cdot 10^{10} \frac{cm}{s}$. Indem wir zwei dieser Größen streng beweisen, muß sich die dritte Größe, die Dimensionseinheit oder Maßeinheit, indirekt als Folge ergeben. Die Dimensionseinheiten wurden in der Geschichte als empirisch praktikable Maßeinheiten festgelegt, hier aber in ihrer Notwendigkeit erkannt.

Dreifache Endlichkeit. Unsere Geschichte und unser Bauplan sind eines und liegen im Wesen der Unendlichkeit. Diese ist dreifaltig. Ich habe die Frage gestellt, ob das Wissen über das Wesen der Unendlichkeit, über die Primzahlen, der Zeitpunkt dieser Entdeckung und die Umstände so miteinander verknüpft sind, daß sie nicht voneinander zu trennen sind. Diese Frage findet ihre Antwort darin, daß alles, was hier auf der Erde geschieht, nichts anderes spiegelt als den transzendenten Hintergrund des Universums, daß also Raum, Zeit und Zahlen hier auf der Erde in Umkehrung der Unendlichkeit auftreten, reziprok als

Ort
Zeitpunkt
Information

Kapitel 7

Geschichte

Die Vollendung aller Experimentierkunst. Welche Konseqenzen ergeben sich dadurch, daß der Ablauf menschlicher Geschichte in seiner Grundstruktur vorherbestimmt ist? Wenn es gelingt, zu erklären, was sich hinter dem Rätsel des Lebens verbirgt, läßt sich auch Licht in das Dunkel von Geschichte und Gesellschaft tragen. Deswegen wollen wir hier an dieser Stelle fragen, was eigentlich aus den Menschen wird, wenn es jemanden gibt, der nicht nur die Frage nach dem Wesen der Materie löst, sondern auch die Frage nach dem Wesen des Lebens, darüber hinaus die Frage nach der Ungeheuerlichkeit, daß bestimmte Atom- und Molekularstrukturen nicht nur lebendig sind, sondern als menschliches Gehirn auch Geist besitzen und die Vernunft des Universums selbstbewußt widerspiegeln. Das wird das Ende derjenigen Geschichtsepoche bedeuten, die mit der Achsenzeit vor ungefähr zweieinhalbtausend Jahren begonnen hat und die eine Vorläuferin besessen hat vor ungefähr 5000 Jahren in den Hochkulturen der Flußlandschaften in China, Indien und dem Vorderen Orient. Einzig dem Abendland gelang es, über eine grandiose Kette von Erfindungen jenen Schritt zu tun, der die Voll-endung aller Experimentierkunst darstellt: die Zündung der ersten Atombombe. Die Idee wurde in Europa geboren. Inzwischen leben wir neben den Wasserstoffbomben, die unsichtbar, lautlos, irgendwo gelagert stehen. Sie haben diesem Europa zum ersten Mal in seiner Geschichte Frieden gebracht, einen Droh-Frieden. Es ist, als wenn der Wolf das perfekte Schafskleid angelegt hätte oder der Teufel Maske und Kleid eines Heiligen.

Der Vater der Erfindungen. Durch die beiden Weltkriege war die Produktion von Bomben mit chemischen Sprengstoffen auf Fließbändern so ins normale Leben der Menschen getreten, daß nach dem Krieg der Wechsel von chemischen Sprengstoffen zu kernchemischen in den Produktionsstätten überhaupt nicht aufgefallen ist. Ob der Industriearbeiter Pikrinsäure in Torpedoköpfe gießt oder Verbindungen von schwerem Wasserstoff und Lithium in die Bombe packt — für ihn sind es dieselbe Arbeit, dieselben Gedanken und dieselben Zoten, wem man denn diese Packung wohin schicken soll. Ob der Sprengfaktor sich inzwischen vertausendfacht hat oder ob er schon millionenfach größer ist, das ist geistig überhaupt nicht verarbeitet worden. Alles ging viel zu schnell, und Atombomben sehen harmlos aus. Außerdem brauchen wir Bomben.

In Europa ist der Krieg seit vielen Jahrhunderten eine notwendige Beschäftigung geworden. Während Rom noch Krieg führte, weil es galt, ein zentralistisch geleitetes Weltreich zu verteidigen oder zu vergrößern, wurde der Krieg zu Beginn des Mittelalters zur eifrig gepflegten Beschäftigung. Die Verheiratung königlicher Bräute kreuz und quer durchs Abendland schuf ideale Voraussetzungen für einen einzigen, nicht mehr erlöschenden fürstlichen Familienstreit. Aufstellung und Unterhalt tapferer Ritterheere schafften Arbeit und Wohlstand. Der Bürger konnte wegen eines ihm fehlenden Goldstückes im Kerker verschwinden, der Adel lieh sich für seine Kriege über Steuererhöhungen Millionen bei Bauern und Bürgern und zahlte nie. Die Verlierer der Kriege waren meist in Wahrheit die Gewinner, denn man mußte Neues aufbauen, auch neue Heere, und das schaffte wieder Arbeit und Wohlstand. Selbst in Zeiten, in denen wirklich der Wahnsinn tobte, wenn Steuern, Inflation, Pest, Schisma und Hungersnot gleichzeitig herrschten — der Adel lebte nur um so flotter und ersann neue Kriege. Der Krieg wurde zum Vater der Erfindungen. Jede neue Waffe wurde bedenkenlos eingesetzt, ob man nun dem Feind einen Haufen Pestleichen mit Katapulten über die Stadtmauern schoß oder später Chlorgaskanister öffnete.

Der dreifache Zündmechanismus. Eine Erfindung war besonders wichtig. Mit der Entdeckung der Salpetersäure wurde durch Stehenlassen einer Mischung aus

Weingeist
Salpetersäure
Quecksilber

ein weißes Salz, das Knallquecksilber, gewonnen, das mit einem gewaltigen Knall explodiert, wenn man draufschlägt. Damit war das Zündplättchen entdeckt, das später die handhabungssicheren Sprengstoffe zündete. Dieser Sprengstoff zündet dann die Atombombe und diese wiederum den schweren Wasserstoff. Das heißt, der Zünder jener Bombe, die durch Explosion das Element Helium mit der Massenzahl 4 erzeugt, ist dreifach. Aber schon das Schwarzpulver, dessen Entdeckung das Ende des Mittelalters einleitete, besteht aus den drei Komponenten

Salpeter
Schwefel
Holzkohle

In wachsendem Maße wurden die Erfindungen zur Ursache von Kriegen. Mit dem Ersten Weltkrieg war der Krieg endlich der Herrscher dieser Welt. Krieg wurde von den Völkern Europas sehnsüchtig erwartet, und als er ausbrach, mit Jubel begrüßt. Deutschland hatte Kohle, Chemiker und Soldaten, Garanten für zukünftige Siege. Erst nach dem Zweiten Weltkrieg machte die Atombombe alle Pläne zunichte, erneut eine Vormachtstellung in Europa zu gewinnen.

Die göttliche Falle. Die Atombombe hat den Frieden gebracht. Noch fürchten wir uns vor ihr. Aber langsam wird sie uns immer liebenswerter erscheinen, und zum Schluß werden die Menschen sie anbeten. Bis der Tag kommt, wo die Bombenblitze zucken. Aufhalten läßt sich das wohl, aber nicht verhindern ohne eine geistige Revolution. Diejenigen, die einfach an die Abrüstung glauben, haben nur einen niedrigen Intelligenzquotienten, während die Politiker, die davon reden, so faustdick lügen, fast so schlimm, wie in der Chemie gelogen worden ist. Denn selbst, wenn wir durch ein Virus zu fast übermenschlicher Klugheit und Gutwilligkeit gelangten und alle nuklearen Bomben einsammelten und zersägen würden und alles Material, auch die Produktionsmaschinen, mit Raketen in die Sonne schössen, weil es dann wirklich weg wäre, selbst wenn wir dafür sorgen würden, daß nicht einer dieser Schirmmützenträger sich ein Bömblein zuhause im Keller verstecken würde, denn man kann ja nie wissen, wenn die Bomben also alle weg wären, wären sie trotzdem noch alle da. Denn das Wissen, wie man sie baut, läßt sich nie mehr auslöschen. Damit sitzt die gesamte Menschheit wie eine Ratte in einer göttlichen Falle: entweder Vernichtung oder vorwärts zu qualitativ neuer Einsicht.

Die real existierende "Demokratie". Schon 1798 hat Robert Maltus nachgewiesen, daß die menschliche Rasse sich ins Unvorstellbare vermehren wird, wenn die Bevölkerungsexplosion nicht durch

Seuchen

Hunger

Kriege

gebremst wird. Denn bei Wegfall dieser Bremsung verdoppelt sich die Bevölkerung mit jeder neuen Generation. Demgegenüber steht, daß die Erträge der Äcker von Generation zu Generation nicht einfach verdoppelt werden können. Indem wir nach dem Zweiten Weltkrieg alles dafür getan haben, weltweit den Hunger zu bekämpfen, die Seuchen auszurotten und mit Hilfe der großen Bombe den dritten Weltkrieg zu verhindern, werden schon sehr bald so viele Menschen leben, daß die Wasserstoffbombe zum besten aller Mittel wird, diesen Wahnsinn zu stoppen. (Kirchliche Autoritäten sollten sich in bezug auf Geburtenkontrolle wirklich die Mühe geben, sich darauf zurückzubesinnen, daß Jesus als Erneuerer aufgetreten ist.) Denn wenn es zu viele Menschen gibt, wird es gefährlich für die, auf die es auf dieser Erde immer nur ankam: die Reichen. Unter dem gnädigen Schutz der Bombe sind sie nämlich gerade dabei, den Planeten für immer aufzuteilen. Die Großkonzerne, deren Aktien im Besitz der Reichen sind, werden die wahren Herrscher. Die "fortgeschrittene" Demokratisierung macht die Bürger zu Dauerwählern für eine Hierarchie von Parlamenten. So wird die Demokratie zum Alptraum.

Die endgültige Demokratie dieser Art ließe sich nämlich nie wieder rückgängig machen. Die Gewählten, gleichgültig welcher Partei, werden so schlagkräftige Polizeiarmeen besitzen, daß Revolutionen für immer vorbei sind. Denn durch das wunderbare Überdruckventil der sich ständig wiederholenden Wahlen ist für die Abwahl jener Parteien und ihrer Anführer gesorgt, wenn sie sich am Ende immer wieder als korrupt, hilflos und völlig unfähig erwiesen haben. Ob dann aber die Oppositionellen regieren, ist denen, denen sowieso alles gehört, völlig gleichgültig. Die Großaktionäre und ihre Symbiose mit Industrievorständen — für die ist diese sogenannte Demokratie die einzige Staatsform, die ihnen nicht gefährlich werden kann. Kapitalismus in der heute schon erkennbaren Form, krasseste Raffgier unter dem Deckmantel, es gehe ja allen gut, praktischer Atheismus mit beamteten Seelsorgern der Großkirchen als die wahre Staatsreligion: das garantiert nur die endgültige "Demokratie". Wie schauderhaft die Zeiten, als der Reichtum sich noch höflich vor den Regierenden verbeugen mußte. Die Wähler bilden sich ein, am Wahlvorgang, außer Kreuze zu malen, beteiligt zu sein. Die Parteien, die Verbände, die Kirchen, die Gewerkschaften und ein Heer von Funktionären suchen die zu Wählenden aus. Jeder Wähler wiegt sich in der Illusion, er dürfe über alles mitreden. Die Regierenden sind selbst überzeugt, sie hätten etwas zu sagen. In Wirklichkeit haben nur die etwas zu sagen, die Vermögen besitzen. Doch am Ende sind sogar diese nur Rädchen in einem sich fortwälzenden System, das keiner mehr beherrscht. Und daß sich daran nie mehr etwas ändert, dafür soll letztlich, besonders im Blick auf die vorindustriellen Länder, die Bombe sorgen.

Die Alternative wäre der Kommunismus. Aber natürlich einer von der Sorte: mit Zäunen und Wächtern mit automatischen Waffen. Ein anderer Kommunismus ist nicht möglich. Jeder Demokratisierungsprozeß in "Arbeiter- und Bauernstaaten" schlägt sofort in demokratisierte Raffgier um. So spiegelt denn die Polarisierung Kapitalismus — Kommunismus die Logik der Bewußtseinsstufe, auf der sich die Menschheit derzeit noch befindet. Und wieder wacht die Bombe darüber, daß sich daran nichts ändert. Es hat immer wieder hoffnungsvolle Menschen gegeben, die sich Luftschlösser erdacht haben von einer Staatsform, die aus Kommunismus und Kapitalismus die besten Ideen schöpft und vermischt, ohne daß eine produktive Synthese in Sicht war. Es steckt im Wesen des Dualismus, daß Mischungen instabil sind und die stärkere Phase obsiegt.

Unwissenheit als Wurzel der Ängste. Bis vor kurzem verlief mitten durch Deutschland ein Zaun. Er wirkte wie ein Raumspiegel, links das eine System, rechts das umgekehrte. In jenen Zeiten, als es die Atombombe noch nicht gab, hätten Millionen Deutsche zu Hacke und Spaten gegriffen und diesen Zaun aus der Erde gerissen. Doch die Atombombe wachte darüber, daß er stehen blieb. Er stand in dem Land, das weitgehend die abendländische Geschichte geprägt hat. Hier, im Herzen Europas, wurde die Fülle der wesentlichen chemischen Ideen entwickelt, die zu der Welt geführt haben, wie sie heute ist. Auch der Demokratisierungsprozeß im Osten ändert an der Spaltung der Welt in Machtblöcke und an dem System der Bedrohung nichts. Sie wird geteilt bleiben wegen der Wasserstoffbombe. Diese, so habe ich schon früher ausgeführt, ist das Produkt und Symptom unserer Unwissenheit. Die Bombe blitzt, weil es die Einstein-Formel so verlangt. Warum das Universum so angelegt ist, daß darin eine Einstein-Formel zur Weltformel wird, wissen die Menschen nicht. Erst als die erste Bombe zündete, war die Formel bewiesen. Dann existierte die Bombe in der Welt so wie die Formel.

Von den fünf Milliarden Menschen, die derzeit leben, kennt nur ein Bruchteil derer, die eine weiterführende Schule besucht haben, die Formel. Und während in immer neu auf dem Markt erscheinenden Büchern sich immer neue Autoren einbilden, sie hätten die Formel verstanden, ist das nur menschliche Verblendung. Nach Art des Konsumbürgers mißversteht man Materie bloß als gebundene Energie. Die Bombe aber trägt die Aufschrift: Gier und Haß. Was sind die Wurzeln von

Gier

Haß

Verblendung

Im Zeitalter der Aufklärung war man überzeugt, daß man die Menschen erziehen kann durch Bildung. Erst beseitigt man das Analphabetentum, und dann fördert man die guten Anlagen im Menschen mit Hilfe großartiger Erzieher. Es ist aber gar nicht die Bildung, die das menschliche Glück ausmacht, wenn sie geprägt bleibt von Unwissenheit, die diesen Planeten sogar für die Reichen an materiellen Gütern und an Bildung zum Jammertal werden läßt. Wir sind in dieses Tal gesetzt und wissen nicht, warum. Bis vor hundert Jahren haben wir geglaubt, ein Schöpfer habe uns seinen Geist eingehaucht, und heute soll es das zufällige Ereignis in der Ursuppe sein. Die Formel

$$E = m \cdot c^2$$

ist in einer Schrift geschrieben, die wir nicht lesen können. Die drei Buchstaben E, m und c werden als austauschbar betrachtet. Ein Bruchteil der Menschen kann zwar sagen, was die Formel rechnerisch bedeutet, aber mehr nicht. Wenn diese Unwissenheit aufgehoben wird, wenn wir die Formelsprache in Erkenntnis der Strukturen verwandeln können, in der die Welt angelegt ist, wird das etwas ganz Neues bedeuten. Wer immer dieses Buch bis hierhin gelesen und geglaubt hat: "Wenn dieser Chemiker aus Düsseldorf recht hat, müssen eine ganze Menge Bücher umgeschrieben werden, aber sonst bleibt alles beim alten", irrt vollkommen. Wenn wir nämlich die Unwissenheit über die Formel überwinden, wenn wir eine einzige Formel wirklich lesen können, erlangen wir die Fähigkeit, die Wasserstoffbombe geistig zu überwinden. Aber von diesem Baum der Erkenntnis zu kosten, werden wir teuer bezahlen müssen. Meine Aufgabe besteht darin, dies auszusprechen.

Unser möglicher Untergang durch die Wasserstoffbombe und die damit verbundene Unwissenheit in der Gestaltung des sozialen Lebens stand fest bei Entstehung der Menschen. Nun haben Propheten, so denkt man, die baldigen Untergang vorhersagten, scharenweise gewirkt auf der Erde, so daß die Verwirrten, die sich von der allgemeinen Tollheit anstecken ließen, immer wieder die Betrogenen waren. Bis uns die Bombe holt, wen kümmert das heute! Denn es ging der Menschheit noch nie so gut. Das Durchschnittsalter ist gestiegen und wird gespenstisch weiter steigen. Menschen, die früher ihr Städtchen kaum je verließen, sausen durch die Stratosphäre. Ein ganzes Heer von Mahnern spricht zwar von zukünftigen Katastrophen, doch sie würden alle das Gegenteil behaupten, wenn sie aus der anderen Ecke bezahlt würden. Nein, der Untergang irgendwann später — darauf sind immer schon Wein- und Bierfässer geöffnet worden. Hätte der Mensch ursprünglich einen Einfluß auf die Natur gehabt, wäre er von Anfang an mitverantwortlich für den Ablauf der Geschichte gewesen, dann hätte er biologisch überhaupt nicht entstehen bzw. überleben können. Inzwischen jedoch sind wir in dem Sinne ins Zeitalter der Vernunft getreten, daß der Mensch seine Geschicke selbst mit Vernunft lenken kann und muß. Ich habe davon gesprochen, daß wir in einer Falle sitzen und daß wir untergehen müssen, wenn die Vernunft nicht zum Zuge kommt. Doch mit irgendwelchen Appellen an die Vernunft ist es nicht getan, sondern allein mit Erkenntnis. Da hilft die Bombe nach. Denn wenn es die große Bombe nicht gäbe, könnten wir vielleicht gar nicht gerettet werden. Das ist der entscheidende Punkt. Die Rettung steht schon fest. Aber sie wird nicht so erfolgen, wie wir uns das vorstellen, etwa durch bloßes Abrüsten. Wir sind an Waffen gewöhnt. Wir können ohne sie gar nicht leben. Weil die Angst vor dem Unbekannten in uns sitzt, seit wir aus den Höhlen gekrochen sind. Sich bis an die Zähne bewaffnen, das war das einzige, was immer richtig war. Die Angst ist aber nur Ausdruck der Unwissenheit. Die Unwissenheit ist der Grund, warum sich die Menschen nicht erziehen lassen.

Der Grund für die Wasserstoffbombe. Der Bauplan der Natur ist ein eisernes Gesetz, da gibt es keine Mehrheitsentscheidungen wie scheinbar hier auf der Erde. Unsere Vergangenheit und unsere Zukunft sind so großartig angelegt, daß es wirklich eine Katastrophe wäre, wenn wir in den tiefsten Grundlagen auch nur ein Wörtchen mitreden dürften. Denn selbst wenn wir uns aufrafften und begännen, vom allgegenwärtigen Wahnsinn die schlimmsten Erscheinungsformen abzuschaffen, wenn wir also die Gewinne der großen Konzerne dem Gemeinwohl zuführen würden, die Wertpapier- und Warenterminbörsen schlössen, die Notierung von Devisen rücksichtslos abschafften, dazu das Militär, die Beamten, die Gewerkschaften, die Bordelle, die Spielbanken und den Verkehrsschilderwald — es würde überhaupt nichts nützen. Denn Geschichte läßt sich nicht zurückdrehen. All die genannten Erscheinungen haben sich als das Beste erwiesen, was wir hervorbringen konnten. Diese Welt läßt sich durch bloße Revisionen, durch Kurieren an Symptomen, nicht mehr verbessern. Es ist wie mit den Gesetzen: Je mehr es gibt, um so ungerechter wird das System.

Die endgültige "Demokratie", auf die wir zusteuern, bedeutet: Niemand läßt sich mehr zu etwas zwingen, und bessern sollen sich immer nur die andern, niemand wird mehr auf etwas verzichten wollen, jeder will sein Recht. Aber nicht unser egoistischer Wille setzt sich durch. Es ist dafür gesorgt, daß nicht dieser unser Wille geschieht. Dafür, aus diesem endgültigen Grund, gibt es die Wasserstoffbombe.

Blindheit der Historiker. Das Elend der Historiker ist der wahre Gedanke, daß wir Wesentliches über den Menschen durch die Geschichte erfahren können. 1933 übernahm Adolf Hitler die Macht und schaffte es innerhalb von zwölf Jahren, daß Deutschland nach 1945 durch Zäune in drei Teile geteilt wurde, England ein Weltreich verlor und die schlafenden Riesen Amerika und Rußland geweckt wurden. In so kurzer Zeit hatte noch nie jemand vor ihm die Welt so gründlich erschüttert. Nach Kriegsende begannen die Historiker zu ermitteln. Was da an Material durchforstet und an Quellen studiert und an Augenzeugen vernommen wurde, ist gewaltig. Aber auf die Frage, wie es möglich ist, daß ein österreichischer Fanatiker das alles schaffen konnte — den Rassismus so zu speichern, daß er sich zum Schluß wie ein Blitz entlud —, darauf gibt es keine Antwort der Historiker, außer: es geschah, weil die geschichtlichen Voraussetzungen gegeben waren und weil die Weltgeschichte lehrt, daß Männer, Führer, Genies aus dem Nichts auftauchen können. Oder haben die Historiker im Falle Hitler etwas übersehen? Durch ihn veranlaßt, weil vertriebene jüdische Physiker vor einer deutschen Atombombe warnten und weil sie einen Job brauchten, wurden in den USA

3

Atombomben gebaut[1]. Alle drei wurden, statt daß man sie gut behütet hätte, gezündet. Jetzt mußte man natürlich neue bauen. Dennoch blieb Hitler der eigentliche Anlaß für die Bombe. Stellen wir nun die Fragen: Wie hieß denn sein Reich? und: Wie sah das Zeichen aus, mit dem dieses Reich sich selber darstellte? Jeder kennt die Antwort. Es war das Dritte Reich[2], und sein Symbol war ein Hakenkreuz. Dieser Mann, der immer wieder betonte, ihn habe "die Vorsehung" auserwählt, war tatsächlich auserwählt. Nur müssen Historiker blind dafür sein. Die Zahl 3 und die Kreuzform — das gab es schon einmal

---

[1] Historisch und fachlich auf hohem Niveau dargestellt von Rhodes, Richard: Die Atombombe, Nördlingen 1988.

[2] "Moeller van den Bruck hat mit seiner Schrift über 'Das Dritte Reich' (1924) den nationalistischen Gegnern der Republik eine griffige Formel gegeben." Gebhardt: Handbuch der deutschen Geschichte, Band 4. Stuttgart 1976, S.293. Nach dem Heiligen Römischen Reich (Erstes Reich) und dem durch Bismarck gegründeten Reich (Zweites Reich) erhoffte er eine dritte Reichsgründung nationaler und sozialer Prägung. Die Idee der drei Reiche stammt aus dem frühen Christentum und verbindet christliche Geschichtsauffassung mit der Trinität.

in der Weltgeschichte, nämlich auf Golgatha. Meisterlich kopiert und wie pervertiert erscheint dieser Gedanke wieder bei Veranstaltungen des Hitlerregimes. Bei den Totenehrungen während der Nürnberger Parteitage, bei denen der Tod gefeiert wurde, schritten Hitler und zwei Begleiter links und rechts hinter ihm, also zu dritt, umgeben von geordneten Menschenmassen, eine breite Schneise entlang, an deren Ende drei riesige Hakenkreuzfahnen als Monumente senkrecht standen[1]. Aber Historiker erkennen eine solche Parallele nicht, denn über Jesus Christus gibt es kaum Nachrichten im historischen Sinn. Außerdem — was hat Christus mit Hitler zu tun? Nichts. Zwar hat schon Hegel darauf hingewiesen, daß die großen Männer der Weltgeschichte nur Vollstrecker einer Notwendigkeit sind, aber das Monströse an Hitler mußte die Historiker blind machen. Auch das Monströse an drei Atombomben, das Ungeheuerliche der Wasserstoffbombe, empfinden sie gar nicht. Und so erweist sich denn diese Wissenschaft, so wie die anderen, weithin als menschlicher Schwachsinn.

Die dritte europäische Revolution. Wir sind gewöhnlich erst unter Zwang bereit, uns zu ändern. Allen Menschen ist gemeinsam, beim einmal Erreichten, Erlernten, beim vermeintlich Erkannten beharren zu wollen. Sich selbst zu ändern, ist von allen Veränderungen die schwierigste.

Zwei große Revolutionen haben das Europa der Neuzeit geprägt. Die französische Revolution wurde vorbereitet durch Bücher — durch das gedruckte Wort. Ebenso die russische Revolution. Die dritte große Revolution, die deutsche, hat so lange auf sich warten lassen, daß niemand mehr an sie glaubt. Vergeblich wurde sie mehrfach im politischen Feld gesucht. Doch "der gründliche Deutsche kann nur von Grund auf revolutionieren"(Karl Marx), das heißt von den gedanklichen Gründen her. Diese gedanklichen Gründe standen Marx jedoch keineswegs zur Verfügung. Wie soll die dritte, von Deutschland ausgehende Revolution aussehen? Abgeschlagene Köpfe, die in Wäschekörben wegtransportiert wurden, das wird sich nicht wiederholen. Und auch nicht die Genickschußorgien. Wenn es eine von

---

[1] Hitler übernahm dieses älteste aller Zeichen zwar als gegensätzliche Form des christlichen Kreuzes, jedoch hat schon Schliemann in seinem Buch "Troja" 1884 (Nachdruck Dortmund 1984, S.135) darauf aufmerksam gemacht, daß das Hakenkreuz "von den Christen als eine passende Abwechslung ihres eigenen Kreuzes adoptirt" und "geometrisch verschiedenartig modificirt" wurde.

Deutschland ausgehende Revolution gibt, dann muß und wird es eine geistige Revolution sein, die aber Millionen von Lernenden und Lehrenden erfaßt, Milliarden von Forschungsgeldern betrifft, und das soziale Leben rund um den Erdball sturmflutartig in Bewegung bringt. Sie wird, wie die beiden anderen, durch das gedruckte Wort gezündet. Eine geistige Revolution von der Art hat es niemals gegeben. Naturwissenschaftliche Entdeckungen und technische Erfindungen haben zwar die industrielle Revolution herbeigeführt, jedoch keine Befreiung der menschlichen Erkenntnisfähigkeit von den Fundamenten her, mit all ihren sozialen Folgen. Die tatsächlich ungeheuren sozialen Folgen der industriellen Revolution sind bloß über uns gekommen. Sie wurden nicht vom Denken großer Geister gesteuert. Natur- und Geisteswissenschaften hatten längst voneinander ganz verschiedene Wege eingeschlagen.

Was ist die Grundlage allen Geistes überhaupt? Es sind die Mathematik und eine philosophisch relevante Logik. Da sind wir gescheitert, wo wir uns am sichersten glaubten. Genau da wird die Revolution ansetzen.

Die Entdeckung der Unendlichkeitsrechnung. Am Ende der Renaissance steht den Menschen des Abendlandes mit dem Dezimalbruch das einzige Mittel zur Verfügung, Messungen und Versuchsergebnisse scharf zu fassen und zu reproduzieren. Der ungeheure Siegeszug der drei Naturwissenschaften und der Ingenieurkünste vom Beginn des Barocks bis zu diesem Jahrhundert läßt sich einzig und allein auf die neuen Entdeckungen in der Mathematik zurückführen. Eine neue Rechenart, die sich mit dem Unendlichen befaßt, wird von wenigen Männern, Newton und Leibniz, Euler und Gauß, entwickelt und ausgearbeitet. Mit den neuen Hilfsmitteln der Mathematik wird auf allen Gebieten in atemberaubendem Tempo entdeckt. Jeder Professor hätte bei seiner Emeritierung zugeben müssen, wenn er Muße und Mut dazu gehabt hätte, daß sich von seiner eigenen Studentenzeit bis zum Auszug aus den akademischen Gebäuden sein wissenschaftliches Weltbild wenigstens einmal auf den Kopf gestellt hat.

Die große Masse der Menschen hat in diesen drei unglaublichen Jahrhunderten überhaupt nicht mitbekommen, welche geistige Veränderung durch die Ausarbeitung der Mathematik erfolgte. Immer haben neue Entdeckungen nur sehr langsam das Bewußtsein der Menschen beeinflußt. Deswegen ist auch niemand darauf vorbereitet, daß jetzt zum Ende des zwanzigsten Jahrhunderts die Lösung auf die Frage gefunden wird, was Mathematik überhaupt ist.

Ende der Neuzeit. Jeder gebildete und nachdenkliche Mensch wird einer möglichen Lösung dieser Frage zwar einen gewaltigen Wert beimessen, aber gleichzeitig überzeugt sein, daß danach letztlich alles so bleibt, wie wir es gewohnt sind. Dabei ist einfach einzusehen, daß wenn schon die Entdeckung der Rechenart, die sich mit dem Unendlichen beschäftigt, das Fundament der Neuzeit ist — die Antwort auf die Frage "was ist Unendlichkeit?" die Neuzeit mit einem Schlag beendet. Denn Geschichte ist nicht in erster Linie das, was sich in den Köpfen von fünf Milliarden Menschen abspielt, sondern besteht aus den denkerischen Leistungen einzelner. Die Gedanken sind unsichtbar, die spektakulären Taten und Umwälzungen sind nur Folgeerscheinungen.

Läßt sich die Mathematik definieren? Stellen wir zunächst die Frage: Womit beschäftigt sich die Mathematik? Es sind die Zahlen und die Figuren. Das Beschäftigen mit den Zahlen führt zu den Rechenarten. Sie sind dreifacher Art und treten mit ihrer Umkehrung paarweise auf:

1. Addition — Subtraktion
2. Multiplikation — Division
3. Potenz- — Wurzelrechnung

Zu Beginn des 17. Jahrhunderts wurde eine Eigentümlichkeit der Potenzrechnung entdeckt. Durch Rechnen mit Exponenten, die man fortan Logarithmen nannte, ließen sich komplizierte Aufgaben der Multiplikation-Division und Potenz-Wurzelrechnung sehr elegant lösen. Damit war keine vierte Rechenart entdeckt, sondern nur dem Umstand Genüge getan, daß die Potenzrechnung erlaubt, Basis und Exponent zu vertauschen. Ein Beispiel: Die Funktion

$$y = x^3$$

ist eine Parabel, die durch den Nullpunkt verläuft. Hingegen ist ihre Umkehrung bezüglich Basis und Exponent, die Funktion

$$y = 3^x$$

keine Parabel und verläuft nicht durch den Nullpunkt, da $3^0 = 1$ ist. Um es zu betonen: Während die Parabel x^3 durch den Nullpunkt verläuft, schneidet die Exponentialfunktion 3^x die y-Achse im Punkt $y = 1$. Diese Zusammenhänge zu erkennen, war natürlich erst möglich, als sich das rechtwinklige Koordinatensystem bei den Mathematikern durchgesetzt hatte.

Der erste Mensch, der wohl in voller Tragweite verstanden hat, daß gegen Ende des 17. Jahrhunderts durch die Entdeckung einer vierten Rechenart eine neue Epoche der Mathematik begann, war Leibniz. Sein Drang zum Universalen führte ihn zu der Beschäftigung mit der Unendlichkeit, nicht nur zum unendlich Großen, sondern auch zum unendlich Kleinen. Die neue Rechenart, die er mitentwickelt hat und deren Rechenregeln von ihm begründet wurden, nannte er

Differential- und Integralrechnung

Sie wird als Infinitesimalrechnung bezeichnet, da sie sich mit dem *infinitum* als dem unendlich Kleinen beschäftigt. Die neue Rechenart erlaubt es, ein Problem zu lösen, welches das geistige Drängen der Mathematiker, Physiker, Ingenieure usw. aufgehalten hat, nämlich die Berechnung des Gekrümmten. Eine Reihe von genialen Köpfen eroberte seitdem das bis dahin versperrte Neuland, so daß gar keine Zeit blieb für die Frage: Wie kommt es, daß mit so einfachen Rechenregeln unvorstellbar schwierige Lösungen möglich sind? Betrachten wir ein Beispiel, die Funktion

$$y = x^3$$

Wenn wir sie differenzieren, erhalten wir

$$\frac{dy}{dx} = 3\,x^2$$

Integriert lautet sie

$$\int y\,dx = \frac{1}{4}x^4$$

Um die Funktion zu differenzieren, haben wir einfach im Exponenten eins abgezogen und umgekehrt bei der Integration eins zugezählt. Ohne auf die Faktoren 3 bzw. 1/4 einzugehen, können wir diese neue, vierte Rechenart auf eine Exponentenvergrößerung um die Zahl

$$\pm 1$$

zurückführen.

Verlassen wir für einen Moment die vierte Rechenart und kehren zur Exponentialfunktion zurück. Von allen Funktionen $y = a^x$ gibt es nur eine Funktion, die differenziert sich selbst ergibt. Sie hat als Basis die Eulersche Zahl e. Die Potenzreihenentwicklung für diese Exponentialfunktion lautet

$$e^x = 1 + \frac{1}{1!}x + \frac{1}{2!}x^2 + \frac{1}{3!}x^3 + \frac{1}{4!}x^4 + \ldots$$

Es ist leicht zu erkennen, daß jedes Glied der Reihe differenziert (durch Subtraktion um -1 im Exponenten) das vorherige Glied ergibt, so daß sich insgesamt nichts ändert. Die Umkehrung der Funktion e^x, die die y-Achse bei $y = 1$ schneidet, ist die Funktion

$$y = \ln x$$

Sie stellt die Spiegelfunktion (in einem herkömmlichen Spiegel!) zur Winkelhalbierenden $y = x$ im rechtwinkligen Koordinaten-System dar und verläuft ebenfalls nicht durch den Nullpunkt, sondern schneidet die x-Achse im Punkt $x = 1$.

Zurück zu der neuen Rechenart. So elegant sie über die Zahl ± 1 anzuwenden ist, versagt sie bei einer Funktion, nämlich bei der Potenzfunktion mit dem Exponenten -1

$$x^{-1} = \frac{1}{x}$$

Bei der Anwendung der Rechenregel für die Integration taucht der undefinierte Ausdruck

$$\frac{1}{0}$$

auf. Trotzdem haben die Mathematiker Leibniz, Euler und Gauß das Problem gelöst. Sie bewiesen

$$\int \frac{1}{x}\, dx = \ln x$$

Damit sind wir beim Kern der Sache. Die neue Rechenart, die vierte Rechenart, kann mit den drei vorher bekannten nicht verglichen werden, denn es werden nicht Zahlen in Ausdrücke eingesetzt, sondern es wird mit Funktionen operiert. Die Exponentenrechenregel ± 1 versagt bei einer einzigen Zahl, nämlich dem Exponenten

$$-1$$

Würde nämlich das Integral über $1/x$ nicht $\ln x$ ergeben, so verblüffend das auch ist, gäbe es den natürlichen Logarithmus nicht, und damit keine höhere Mathematik.

Die Konsequenz aus den Betrachtungen zu den Rechenarten führt zu der Feststellung: Es gibt drei Rechenarten und eine weitere, die im Wesen der Zahl 1 und ihrer Spiegelbilder begründet ist. So erfüllen die Rechenarten das

-Gesetz.

Die beiden frühen Propheten. Kehren wir nun zu der Frage zurück, ob Mathematik sich definieren läßt. Pythagoras hat behauptet, das Wesen der Dinge seien die Zahlen. Gleichzeitig kam man in seinem Zeitalter zu der Behauptung, daß alles Stoffliche nicht unendlich oft zerkleinerbar ist, sondern irgendwann in unteilbare Einheiten, die abzählbar sind, zerfallen muß (Demokrit). Aristoteles hat diese Atomtheorie bekämpft, und die Kirche des Mittelalters verbot sie[1]. Als zu Beginn des 20. Jahrhunderts die Körnigkeit von Materie und Energie bewiesen wurde, als die Auffassung widerlegt wurde, die Natur mache keine Sprünge, als bewiesen wurde, daß selbst die Energie nicht fließend abgegeben wird, sondern in Sprüngen, die den Gesetzen der ganzen Zahlen gehorchen, da wäre es wichtig gewesen, die Frage zu stellen: Könnte Pythagoras recht gehabt haben? Da aber Zahlen so wie Raum und Zeit nur Vorstellungen sind, konnte niemand behaupten, daß sie an sich existieren, er wäre ausgelacht worden und gescheitert an der Gegenfrage: Wo sind sie denn, die Zahlen? Da man Materie anfassen kann, ist der Schritt, daß sie gekörnt ist, sowieso leicht zu vollziehen.

Erst der gedankliche Schritt, die Unendlichkeit um einen Punkt herum durch die Struktur der fortlaufenden ganzen Zahlen zu begreifen, ermöglicht es, die Frage zu untersuchen, ob das Wesen der Dinge die Zahlen sind. Ich möchte diese Frage erweitern: Ist das Wesen der materiellen Welt selber Mathematik?

Die vierte Rechenart als Schlüssel. Kann es sein, daß unsere Vorstellung, hinter dem Wesen dieser Welt stünden der Materie äußerlich aufgezwungene mathematische Gesetze, naiv ist? Daß die Unendlichkeit eine mathematische Struktur besitzen muß, die sich in der materiellen Welt als die angewandte Mathematik selbst erweist? Lediglich eine Rechenart, die vierte, ist nur aus der Vorstellung des Unendlichen erklärbar. Daher soll die Infinitesimalrechnung nun daraufhin untersucht werden, ob es eine Antwort gibt auf die Frage: Was ist Mathematik?

---

[1] Nur kurz war der Schock zu Beginn des 20. Jahrhunderts, als die Atome nachgewiesen wurden. Bald darauf begann man bekanntlich mit dem Zertrümmern der "unteilbaren" Atome — die Peripatetiker der Aristoteles-Schule hatten sich durchgesetzt.

Ich wähle den einzigen Weg, den die Mathematik zuläßt, die of-
fengebliebene Frage: Wieso kann das Integral über $1/x$ den natürlichen Logarithmus liefern? Da der Beweis existiert, besteht für den
Mathematiker kaum die Neigung, sich über diese Frage Gedanken zu
machen. Wir betrachten die Funktion

$$y = \frac{1}{x}$$

Wir haben nachgewiesen, daß der Primzahlraum von der Ordnung
der fortlaufenden ganzen Zahlen ist und damit von der Ordnung e.
Der Raum um einen Punkt kennt nur ganze Zahlen, aber da von jeder
ganzen Zahl auch ein Kehrwert existiert, gilt es, die Frage zu untersuchen: Wo liegen diese Kehrwerte? Nun — zwischen 0 und 1 können
sie nicht liegen. Denn die ganzen Zahlen auf den Kreisen des Primzahlraumes sind gedankliche Vorstellungen von reinen geometrischen
Abständen, da ist nicht irgend etwas dazwischen.

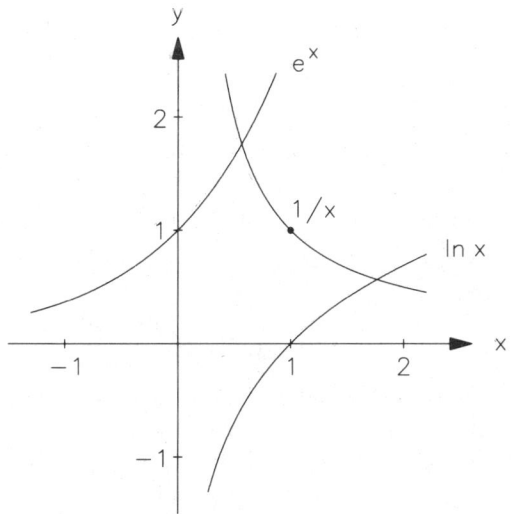

Abbildung 19

Die Funktion $y = 1/x$ verläuft als Hyperbel durch den Punkt
$x = 1$ und $y = 1$ und stellt neben den Funktionen $y = e^x$ und
$y = lnx$ die dritte Funktion dar, die nicht durch den Nullpunkt verlaufen kann. Wir erkennen beim Betrachten des ersten Quadranten des Koordinatenkreuzes, daß folgende Punkte, zusammen mit
dem Nullpunkt des Kreuzes, eine quadratische Fläche bilden: **1.**) die

Funktion $y = e^x$ am Schnittpunkt mit der y-Achse, **2.**) die Funktion $y = ln x$ am Schnittpunkt mit der x-Achse, **3.**) die Funktion $y = 1/x$ am Schnittpunkt mit der Winkelhalbierenden $y = x$. Auch wenn man den Maßstab für die Koordinaten ins unermeßlich Kleine verändert, gilt, daß die Fläche dieses Quadrates nicht null sein kann. Sie beträgt immer

$$1^2$$

Fallend oder steigend entlang der Hyperbellinie verwandelt sich dieses Quadrat in ein Rechteck vom Flächeninhalt 1^2.

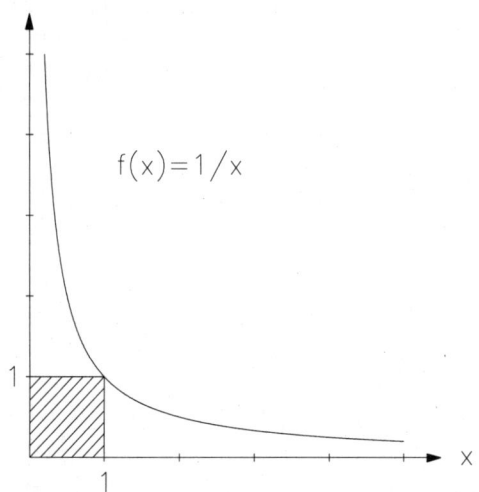

Abbildung 20

Die entscheidende Frage lautet nun: Gibt es ein geometrisches Modell, das der Bedingung der Fläche 1^2 gehorcht? Ja, es ist der Raumspiegel. In diesem Spiegel kann ich mich meinem vierdimensionalen Spiegelbild noch so sehr nähern, ich kann es nie erreichen. Der Punkt, an dem ich stehe, ist immer der Punkt, in dem die Funktion

$$y = \frac{1}{x}$$

die Winkelhalbierende $y = x$ schneidet. Wie immer dieser Punkt seine Lage im ersten Quadranten ändert, er kann mit seinem Spiegelpunkt nicht deckungsgleich werden, also nicht Null erreichen. Was für einen Punkt gilt, gilt natürlich auch für einen Verbund von vielen einzelnen Punkten auf der Fläche des ersten Quadranten. Sie alle haben auch im zweiten, dritten und vierten Quadranten ihre Spiegelpunkte, aber nur die Punkte im ersten Quadranten sind reell.

Der Reziproke Zahlenraum. Ich will diesen reellen Raum nunmehr Reziproken Zahlenraum nennen und ihn im nächsten Kapitel untersuchen. Bisher hatte ich nur den vierdimensionalen Zahlenraum um einen einzelnen Punkt untersucht. Bei ihm sind alle vier Quadranten vollkommen gleichwertig. Die Reziproken seiner Zahlen müssen sich dagegen im ersten Quadranten aufhalten. Das Quadrat von der Fläche 1^2 stellt nichts anderes dar als die reziproke nullte Schale des vierdimensionalen Raumes, über der sich die Zahl

$$(-1)^4 = 1^2$$

dreht. Der Primzahlraum und der Reziproke Zahlenraum sind wertidentisch, aber sie müssen in zwei zueinander reziproken Formen existieren. Das bedeutet kurz: sie sind kehrwertidentisch (reziprok). Die Kehrwerte der sich ins Unendliche erweiternden (Zahlen-)Kreise liefern die Hyperbel. Der Gedanke, daß es zwei verschiedene Räume geben muß, ist eine Frage der vierdimensionalen Logik.

Statistik nur ein Raumphänomen. Als vom Barock an die Physiker begannen, die Natur mit Hilfe von Experimenten zu untersuchen, zeigte sich, daß die Natur sich gerade mit der Mathematik beschreiben läßt, die die Mathematiker aus völlig anderen Motiven erfunden hatten. Wenn man etwa einen Lichtstrahl durch eine farbige Lösung sendet, ist die Abnahme der Lichtintensität nicht proportional der Schichtdicke, was man eigentlich erwarten sollte, sondern die Abnahme verläuft exponentiell zur Basis e. Diese Merkwürdigkeit, daß die Natur sich gerade durch eine mathematische Konstante beschreiben läßt, hat viele Physiker bewegt. Erhitzt man einen Metallstab an einem Ende, wandert die Wärme nicht etwa proportional zur Stablänge nach der Zeit, sondern der Vorgang läßt sich nur durch eine partielle Differentialgleichung beschreiben. Während die Ausbreitung von Licht durch den leeren Raum einem ganz einfachen Gesetz, dem des reziproken Quadrates, gehorcht, ist der Transport eines physikalischen Phänomens durch einen Stoff von völlig anderer Art. Indem wir uns die Stoffe als eine große Menge von einzelnen punktförmigen Atomen vorstellen, müssen wir bei der Frage nach der letzten Ursache für die Physik zu Antworten gelangen, die scheinbar nur statistisch sein können. Wir werden in den nächsten beiden Kapiteln zeigen, daß die letzten Ursachen nicht in der Statistik liegen, sondern im Wesen des Raumes. Dabei sind die Antworten, die wir finden werden, von einer solchen Abstraktion, daß vermutlich niemand sie verstehen würde ohne die Vorbereitung durch die vorausgegangenen 40 Kapitel.

Der Weg zur wahren Demokratie. Die mathematischen Ergebnisse der beiden folgenden Kapitel sind in der Tat revolutionär für jeden, der sie zu lesen versteht. Es ist davon auszugehen, daß genügend neugierige Mathematiker innerhalb kürzester Zeit die vorgelegten Ergebnisse zur vierdimensionalen Mathematik auf die Frage untersuchen werden: richtig oder falsch? Denn die Mathematik ist heute die einzige Wissenschaft, in der (trotz eigener Fehlentwicklungen) doch die Idee rationaler Argumentation intakt geblieben und schnelle Entscheidungen über Wahr oder Falsch noch möglich sind. Wenn die Antworten "richtig" lauten, wird der einsetzende Schock Auswirkungen auf das soziale Gefüge haben, die hier nicht ausgemalt werden können.

Was haben soziale Strukturen mit Mathematik zu tun? Wenn diese Welt überhaupt nach Zahl und Struktur geordnet ist, dann müssen sich analoge Strukturen im Sozialen wiederfinden, die im Zeitalter des beliebigen Geschwätzes in den Geisteswissenschaften nicht bekannt geworden sind. Wahrheit und Struktur sind Todfeinde alles bloß Erbaulichen und aller relativistischen Meinungsäußerungen. ("Relativismus" meint in den Geisteswissenschaften die Gleichgültigkeit oder Resignation gegenüber der Wahrheit, verbunden mit einem Interesse an geschichtlich vorkommenden Erkenntnisansprüchen, die mit der "Leidenschaft" von Museumsbesuchern betrachtet werden.) Erst wenn die gesellschaftliche Welt gemäß einer logisch fundierten Systemtheorie des Sozialen gestaltet werden wird, dann erhält die Demokratie überhaupt ihre Chance: daß der Wille der Mehrheit natur- oder vernunftgemäße Entscheidungen zustande bringt.

Kapitel 8

Dezimalsystem

Die Umkehrung aller Kreise. Untersucht man die Zahlen des ersten Kreises auf dem Primzahlkreuz, erhält man, wie ich gezeigt habe, die Gesamtsumme

300

Nun soll die Menge der Zahlen auf dem ersten Quadranten untersucht werden. Für sie ergibt sich folgende Summe[1]

$$12 + 1 + 2 + 3 + 4 + 5 + 3 = 30$$

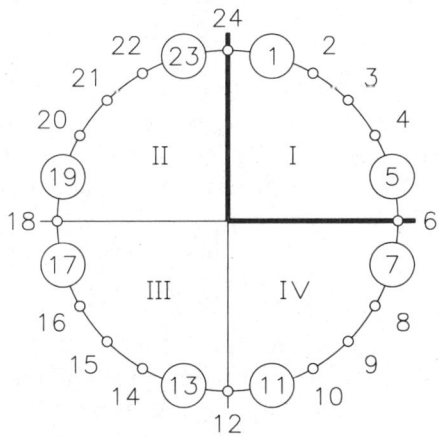

Abbildung 21

Die Summe der Zahlen auf dem ersten Quadranten beträgt 30, die Summe auf dem vollen Kreis 300. Das Verhältnis von 30 zu 300 beträgt

$1 : 10$

Für alle größeren Viertelkreise des ersten Quadranten zu ihren jeweiligen vollen Kreisen gilt allgemein das Verhälnis 1 zu 10. Hier ist ein Gedankensprung notwendig. Auf einem vollen Kreis des Primzahlkreuzes liegen immer 24 ganze Zahlen. Wir wissen, daß sich diese 24 Zahlen reziprok als Funktionswerte auf der Hyperbel nur im ersten

---

[1] Die Zahlen 24 und 6 müssen halbiert werden.

Quadranten befinden können. Wir sind gewohnt, reziproke Zahlen dezimal auszurechnen. Wählen wir ein Beispiel, den Bruch

$$\frac{1}{7} = 0,142857142857\ldots$$

Dieser dezimale Bruch stellt eine Ordnung dar, die nicht nur 1428... lautet, sondern bei der jede Stellenzahl fortlaufend von links nach rechts durch 10 geteilt wird. Daß wir beim schriftlichen Dividieren, meist ohne viel darüber nachzudenken, fortlaufend gerade durch 10 teilen (also das Dezimalsystem verwenden), bekommt eine zahlentheoretische Begründung durch den Nachweis: Der Quadrant verhält sich zum Vollkreis wie

$$1 : 10$$

Die einzelnen sich ausdehnenden Kreise bestehen aus fortlaufenden Zahlen. Die Umkehrung aller Kreise, d.h. die reziproken Werte der Zahlen auf den Kreisen, ergibt die Hyperbel. Das ist mathematisch unbekannt, weil die Vorstellung von sich ausdehnenden Zahlenkreisen nicht geläufig ist. Wir hatten gezeigt, daß die Ausbreitung der Kreise (Quadratur) aus der Folge der Unomalzahlen Zahlen eines Dezimalsystems macht. Die Umkehrung führt nun zu periodischen Dezimalbrüchen. Die Ausdehnung der Zahlen ist ebenfalls periodisch. Offenbar ist nicht nur der Primzahlraum dezimal angelegt, sondern auch der Raum, in dem sich die reziproken Zahlen befinden, der Reziproke Zahlenraum. Nur das Primzahlkreuz realisiert über das dezimale Rechensystem die einmalige Eleganz dieser Umkehrungen. Die Erfindung der Dezimalbrüche vor etwa fünfhundert Jahren war Auslöser für die ungeheure Explosion der neuzeitlichen Mathematik. Eine tiefere Auseinandersetzung mit der Frage, warum sind gerade Dezimalbrüche so geeignet, um etwa zu den Logarithmen zu gelangen, hat nie stattgefunden, weil man in der Vorstellung befangen war und ist, man könne in jedem anderen System ein gleichwertiges Stellenwertsystem entwickeln.

Das Maß der Ordnung e exponenziert. Wir hatten im 2. Kapitel die Unomalzahlen und die Dezimalzahlen untersucht. Jetzt exponenzieren wir eine Zahl, wir wählen e, mit einer Ordnung. Die Ordnung soll die Folge der Unomalzahlen 1234 darstellen:

$$e^{U1234}$$

Dieser Ausdruck gibt keinen Sinn, er läßt sich nicht einmal lesen, er bedeutet lediglich eine mögliche Ordnung von 24 Möglichkeiten exponenziert mit e. Hingegen wird der Ausdruck

$$e^{D1234}$$

für jeden Mathematiker etwas Sinnvolles darstellen, nämlich e hoch
eintausendzweihundertvierunddreißig. Hieraus läßt sich vermuten,
daß ganz allgemein Exponenten in einem Stellenwertsystem angeordnet sein müssen.

Die Umkehrung des Primzahlraumes in den Reziproken Raum
stellt nichts anderes dar als das Verwandeln ganzer Zahlen, die größer
sind als eins, in solche, die links von sich eine Kommastelle haben
und kleiner sind als eins. Ein gutes Gedankenmodell ist, sich die
vier Quadranten des Primzahlkreuzes hineingeklappt in den ersten
Quadranten vorzustellen, wobei die Zahlen sich umdrehen und zu
Dezimalbrüchen werden.

Als wir e, die Ordnung der Zahlen 1, 2, 3, ..., verstanden hatten,
war der nächste Schritt die Frage: Was bedeutet

$$e^x$$

Nach Euler gilt folgende Relation:

$$e^x = \lim_{n \to \infty} \left(1 + x \cdot \frac{1}{n}\right)^n$$

Um zu erfassen, was sich hinter dieser Gleichung verbirgt, genügt es
nicht, ihre mathematische Ableitung zu kennen. Man muß vielmehr
erfassen, daß e^x eine Ordnung von ganz besonderer Art ist. Wir
wollen uns von einem Kreis des Primzahlkreuzes eine ganz bestimmte
Zahl willkürlich herausnehmen, etwa 34567. Vor dieser Zahl befindet
sich die nächst kleinere, 34566, vor dieser 34565 usw. Wir dividieren
nacheinander die erste Zahl durch die vor ihr liegenden kleineren
Zahlen:

$$\frac{34567}{34566} = 1 + \frac{1}{34566}$$

$$\frac{34567}{34565} = 1 + \frac{2}{34565}$$

$$\frac{34567}{34564} = 1 + \frac{3}{34564}$$

Damit ist eine Ordnung von Quotienten entstanden, die sich von der
Ordnung der Zahl e wesentlich unterscheidet. Die Zahl e verlangt,
daß auf- bzw. absteigend von einem bestimmten Punkt die nächst

höhere Zahl immer um eins größer ist bzw. die nächst niedrigere Zahl eins kleiner. Die Folge unserer Quotienten ergibt

$$1 + \frac{1}{34566} = 1,0000289301625\ldots$$

$$1 + \frac{2}{34565} = 1,0000578619991\ldots$$

$$1 + \frac{3}{34564} = 1,0000867955097\ldots$$

Wir exponenzieren die Dezimalbrüche und erhalten[1]

$$(1,0000289301625\ldots)^{34566} = 2,71823\ldots \approx e^1$$

$$(1,0000578619991\ldots)^{34565} = 7,38860\ldots \approx e^2$$

$$(1,0000867955097\ldots)^{34564} = 20,0829\ldots \approx e^3$$

$$(1,0001157306947\ldots)^{34563} = 54,5853\ldots \approx e^4$$

$$\vdots$$

Da es gleichgültig ist, an welcher Stelle des Primzahlkreuzes wir eine Ordnung von Quotienten untersuchen, läßt sich folgender Satz formulieren: Jede ganzzahlige Potenz von e^x,

$$e^1,\ e^2,\ e^3,\ e^4,\ \ldots$$

läßt sich aus der Ordnung der Zahlen auf dem Primzahlkreuz als Folge von geordneten Quotienten ableiten.

Auflösung des Eulerschen Binoms. Frage und Antwort, warum sich e^x über das Binom

$$\left(1 + x \cdot \frac{1}{n}\right)^n$$

berechnen läßt, liegen seit 250 Jahren im Dunkeln[2]. Zur Lösung des Problems (für $x = 1$) muß man von der Tatsache ausgehen, daß sich eine beliebige Zahl $|q| > 1$ mittels der Potenzreihe

$$q^{-1} + q^{-2} + q^{-3} + \ldots = \frac{1}{q - 1}$$

---

[1] Die Genauigkeit steigt mit der Vergrößerung der Zahlen.

[2] Der Eulersche Beweis (Commentarii Academiae Petropolitanae ad annum 1739. T. IX) klärt nicht die Frage: warum.

in den Kehrwert einer Zahl umwandeln läßt, die um 1 kleiner als q ist[1]. Wir betrachten zum Beispiel das Binom

$$\left(\frac{1000}{999}\right)^{1000} = \left(1 + \frac{1}{999}\right)^{1000}$$

und verwandeln den Wert $1 + 1/999$ in eine geometrische Reihe der Zahl 1000

$$1 + \frac{1}{999} = 1000^0 + 1000^{-1} + 1000^{-2} + 1000^{-3} + \ldots$$

Indem sich zeigen läßt, daß sich jeder Bruch aus zwei aufeinanderfolgenden Zahlen in eine geometrische Reihe mit der Exponentenordnung

$$0, 1, 2, 3, 4, 5, \ldots$$

entwickeln läßt, ist das Problem gelöst. Eine solche Reihe muß nämlich nicht mehr wie bei der Ableitung von e aus der Ordnung der Basen 0, 1, 2, 3, ... durch Multiplizieren von reziproken Fakultätsgliedern geordnet werden, weil die Exponenten der geometrischen Reihe schon eine Ordnung darstellen und die Basen alle gleich sind. Beide Ordnungen

$$\begin{array}{ccccccc} 0 & 1 & 2 & 3 & 4 & 5 & \ldots \longrightarrow e \\ (\tfrac{1}{q})^0 & (\tfrac{1}{q})^1 & (\tfrac{1}{q})^2 & (\tfrac{1}{q})^3 & (\tfrac{1}{q})^4 & (\tfrac{1}{q})^5 & \ldots \longrightarrow e \end{array}$$

führen zu der Ordnungskonstanten e. Bei der unteren Reihe muß allerdings berücksichtigt werden, daß die geordneten Exponenten dieselbe reziproke Zahl q exponenzieren. Wenn ein Logarithmus einer Zahl a durch eine Zahl n geteilt wird, erhält man den Logarithmus der n-ten Wurzel dieser Zahl. Deswegen liefert die untere Reihe auch nur (approximativ) die q-te Wurzel aus e

$$q^0 + q^{-1} + q^{-2} + q^{-3} + \ldots \approx \sqrt[q]{e}$$

Unsere Überlegungen zwingen dazu, die Ordnungskonstante e und das dezimale Stellenwertsystem zu untersuchen.

e und die Ordnung dezimaler Exponenten. Bei aufeinanderfolgenden Zahlen, die dividiert werden, kommt es nur auf die Folge

---

[1] Beispielsweise ist $17^{-1} + 17^{-2} + 17^{-3} + \ldots = 1/16$.

der reziproken Zahlen an. Je größer eine Zahl ist, desto kleiner ist ihre reziproke Dezimalzahl.

$$\frac{1}{81} = 0,0123456\ldots$$

$$\frac{1}{810} = 0,00123456\ldots$$

$$\frac{1}{8100} = 0,000123456\ldots$$

$$\frac{1}{81000} = 0,0000123456\ldots$$

Wir exponenzieren nun die Zahl e mit der Folge dieser immer kleiner werdenden Dezimalzahlen. (Das Kleinerwerden bedeutet reziprok immer größere Zahlen.)

$$e^{0,0123456\ldots} = 1,01242220\ldots \tag{1}$$

$$e^{0,00123456\ldots} = 1,00123533\ldots \tag{2}$$

$$e^{0,000123456\ldots} = 1,00012346\ldots \tag{3}$$

$$e^{0,0000123456\ldots} = 1,0000123457\ldots \tag{4}$$

Betrachten wir (4) genauer:

$$e^{0,0000\boxed{12345}6\ldots} = 1,0000\boxed{12345}7\ldots$$

Auf fünf dezimale Nullen im Exponenten von e folgt eine fünfstellige Übereinstimmung zwischen dem Exponenten und dem Ergebnis der Potenzierung! Jede andere dezimale Ziffernfolge würde zu derselben Übereinstimmung führen! Auf den ersten Blick wird es verblüffen, daß die transzendente Zahl $e = 2,718\ldots$ zu Ergebnissen führt, die mit den Exponenten übereinstimmen, wobei die Genauigkeit der Übereinstimmung von der vorhergehenden Anzahl der Nullen abhängt: Die Übereinstimmung ist um so größer, je versteckter sie ist. Während die Zahlen auf dem Primzahlkreuz immer größer werden, werden ihre Kehrwerte im Reziproken Zahlenraum immer kleiner.

In der Tat ist e aber die einzige Zahl, die eine solche Übereinstimmung liefert. Das läßt sich mathematisch sogar einfach beweisen. Nur ergibt der Beweis keinen Hinweis darauf, warum die Zahl e so einzigartig ist[1]. Die Lösung liegt im Wesen von e, welches die implizite Ordnung der Zahlen 012345... selber beinhaltet: Die Zahl e ist die ordnende Zahl schlechthin.

Da der Logarithmus die Umkehrung der Exponentialfunktion ist, muß streng gelten:

$$\ln 1,0000\boxed{12345}6\ldots = 0,0000\boxed{12345}52\ldots$$

Dieselbe Gesetzmäßigkeit gilt für jeden anderen Logarithmus auch. Somit ist erst einmal der Nachweis erbracht, daß natürlicher Logarithmus und Exponentialfunktion mit den reziproken Zahlen über ein Ordnungssystem verknüpft sind.

Die geheimnisvolle Ordnung der Dezimalbrüche. Es ist nunmehr die Frage unabweisbar: Sind

reziproke Zahlen
Exponentialfunktion
Logarithmus

in der Dezimalstruktur des Primzahlkreuzes miteinander verkettet? Lediglich die Zahlen links vom Komma, Null oder Eins, werden vertauscht. Der Verdacht liegt nahe, daß die Dezimalfolgen der reziproken Zahlen ein Geheimnis bergen, das bisher niemandem aufgefallen ist.

Auch Gauß nicht? Von Carl Friedrich Gauß ist bekannt, daß er sich schon in jungen Jahren intensiv mit reziproken Zahlen beschäftigt hat. Da es keine Tabellen dieser Zahlen gab, mußte er sie sich selbst ausrechnen. Der brillante Rechner soll sie im Kopf ausgerechnet haben, und das ist ungewöhnlich. Denn der Kehrwert der Primzahl 97 hat eine 97-stellige Periode (96 periodisch auftretende Ziffern und eine vorangehende 0). Bei der Primzahl 983 ist die Periode sogar 983 Stellen lang. Gauß hat nicht zu erkennen gegeben, ob er das Geheimnis entdeckt hat, dem wir jetzt auf der Spur sind.

Wir wollen eine Dezimalzahl, und zwar den Kehrwert von 19, untersuchen.

$$\frac{1}{19} = 0,\overline{052631578947368421}$$

Wir wählen den Block der ersten vier Zahlen,

$\boxed{5263}$

---

[1] Die einundachtzigtausendste Wurzel von $2,71828\ldots$ ohne elektronischen Rechner zu ziehen, klingt wie Zauberei.

multiplizieren ihn mit drei und erhalten 15789. Dieser Zahlenblock folgt im periodischen Dezimalbruch direkt auf den ersten Block

$$\frac{1}{19} = 0,05263\boxed{15789}473684210526315789\ldots$$

Die weitere Multiplikation mit drei liefert eine Zahl 47367, die auf den zweiten Block folgt[1]:

$$\frac{1}{19} = 0,0526315789\boxed{47367}(14)210526315789\ldots$$

Mit einer weiteren Multiplikation von drei, die den Wert 142101 ergibt, ist der periodische Dezimalbruch abgeschlossen.

$$\frac{1}{19} = 0,052631578947367\boxed{(14)2101}(42)6315789\ldots$$

Jeder Nichtmathematiker wird an dieser Stelle die Frage stellen: Ist ein solch einfacher Zusammenhang denn nicht bekannt? Nein, er ist nicht bekannt.

Durch viermaliges Multiplizieren mit drei wird die ganze Periode durchlaufen und der anfängliche Zahlenblock erreicht. Viermal mit drei multiplizieren bedeutet, den Faktor

81

verwenden. Da 100 geteilt durch 81 den Rest 19 ergibt, taucht an dieser Stelle zum ersten Mal die Vermutung auf, daß dezimale Zahlen etwas mit Restwerten zu tun haben.

Zuerst werden wir eine andere, sehr viel größere dezimale Ziffernfolge untersuchen, wieder den Kehrwert einer Primzahl, deren Periode genauso lang ist wie die Zahl, um uns zu vergewissern, daß das Untersuchungsergebnis bei der 19 zufällig war. Wir wählen den Kehrwert von 97.

$$\frac{1}{97} = 0,0103\underline{09278}350515463917525773195876288659793814432$$

$$9896907216\underline{49484}5360824742268041237113402061 85567\ 0103\ldots$$

Der Block der ersten fünf Zahlen 10309 ergibt mit drei multipliziert 30927. Statt mit drei zu multiplizieren, wählen wir irgendeinen Block,

---

[1] Die in Klammern gesetzte Zahl 14 bewirkt, daß die vor ihr liegende Ziffer sieben um eins auf acht erhöht wird.

beispielsweise 27835, und multiplizieren ihn zum Beispiel mit sieben: 1|94845|. Er taucht an der Stelle ...2164|94845|3608... wieder auf. Wir wählen zur Kontrolle eine weitere Primzahl, nämlich

$$\frac{1}{61} = 0,01639344262295081967\underline{213114}754098360$$

$$6557\underline{3770}491803278688524590\ 1639...$$

multiplizieren den Block 21311 mit 13 und erhalten 2|77704|3. Durch fortgesetztes Multiplizieren mit verschiedenen Zahlen kann man beliebig viele solcher Blöcke der obigen Dezimalbrüche ausrechnen und sie dann kombinatorisch zum richtigen periodischen Dezimalbruch zusammensetzen. Allgemein ist zu vermuten:

> Für Kehrwerte solcher Primzahlen p, deren Perioden p-stellig sind (bei Mitzählen der 0), gilt, daß ein Block einer Reihe von Dezimalzahlen die gesamte Periode kodiert[1,2].

Die Verwandlung von Restwerten in Potenzreihen. Zu Beginn des Jahres 1990 steht damit für Michael und mich fest, daß die Kehrwerte aller ganzen Zahlen durch ein einziges mathematisches Gesetz beschreibbar sein müssen.

---

[1] Die Periodenlänge von $1/p$ kann nicht größer als $p-1$ sein, weil bei der schriftlichen Division höchstens die Reste $1, 2, \ldots, p-1$ auftreten können. Ist die p-Stelligkeit nicht erfüllt, so kommen bei der Division nicht alle Reste vor, und die behauptete Gesetzmäßigkeit ist nicht mehr erkennbar.

[2] Interessant ist die Frage, ob eine Zahl dann eine Primzahl ist, wenn ihre dezimale Periodenlänge ausgeschöpft ist. Gauß hat in seinen *Disquisitiones Arithmeticae* (Deutsche Übersetzung von H. Maser, reprinted 1965, Bronx, New York, Seite 370) die Frage nicht beantwortet, sondern verschlüsselt: "Für diejenigen Nenner, für welche 10 primitive Wurzel ist, stellt sie die Perioden der Brüche mit dem Zähler 1 dar (nämlich für 7, 17, 19, 23, 29, 47, 59, 61, 97)." Nach M. Felten ist das Problem leicht allgemein zu lösen bzw. zu beweisen über die Äquivalenz der vollen Periodenlänge der Reziproken $1/p$ und die Eigenschaft, daß 10 primitive Wurzel nach dem Modul 10 ist. Daraus folgt, daß 10 genau dann primitive Wurzel ist, wenn $\varphi(p) = p - 1$ ist. Dies kann aber nur für Primzahlen der Fall sein. — Nicht zu beantworten ist bis heute die Frage, ob unendlich viele Primzahlen existieren, deren Perioden maximale Länge besitzen.

In der Funktionentheorie gibt es ein seltsames Phänomen: Es existieren genau drei Möglichkeiten, die Theorie der analytischen Funktionen zu begründen, und zwar durch

1.) Funktionen, die sich in Potenzreihen entwickeln lassen (K. Weierstraß),

2.) Funktionen, die sich durch die nach A. L. Cauchy benannte Integralformel darstellen lassen,

3.) Funktionen, die winkel- und streckentreu sind (B. Riemann).

Wichtig ist zu wissen, daß nach 1.) die Potenzreihe der Exponentialfunktion und die geometrische Reihe grundlegend für die Entwicklung von Funktionen sind. Die geometrische Reihe lautet:

$$1 + q + q^2 + q^3 + \ldots = \frac{1}{1-q}$$

wobei für q alle komplexen Zahlen erlaubt sind, die betragsmäßig kleiner als eins sind.

Michael vermutet, daß unser Problem sich auf diese Potenzreihe zurückführen lassen muß. Weil ich das genauso sehe, konzentriere ich mich mit aller gedanklichen Kraft auf die Idee: Lassen sich alle reziproken ganzen Zahlen — also deren Dezimalbrüche — als Potenzsummen darstellen?

Karfreitag Mittag 1990 gegen zwölf Uhr sitze ich in meinem Bett und schweife für einen Moment von meinen Überlegungen über bestimmte Dezimalfolgen ab. Plötzlich erinnere ich mich, wie ich vor etwa zwanzig Jahren an genau dieser Stelle saß und eine Erscheinung hatte. Wie sehr sich doch die Prophezeiung bisher erfüllt hat. Plötzlich habe ich den Kehrwert von 97 im Kopf, der mit den Ziffern

$$0,010309278$$

beginnt. Natürlich weiß ich, daß da einfach die Zahl

$$10$$

fortlaufend mit drei multipliziert wird:

$$
\begin{array}{r}
00 \\
10 \\
30 \\
90 \\
270 \\
\hline
\end{array}
$$

$\ddots$ usw.

$$00103092\ldots$$

Mir geht durch den Sinn, daß der Faktor Drei, mit dem da multipliziert wird, gerade der Restwert der Division

$$\frac{100}{97} = 1 \text{ Rest } 3$$

ist. "Das muß dem Gauß doch auch aufgefallen sein", sage ich, und in dem Moment sehe ich, so wie man optisch etwas sieht, daß die Eins $(0,010\ldots)$ sich ebenfalls durch die Drei ausdrücken läßt, denn es gilt

$$3^0 = 1$$

Im Bruchteil einer Sekunde entsteht die Lösung: Die Ziffernfolge des Dezimalbruches 1/97 läßt sich als Summe folgender Potenzen

$$3^{00}, 3^0, 3^1, 3^2, 3^3, \ldots \quad \text{bzw.} \quad 0, 1, 3, 9, 27, \ldots$$

darstellen. Geschwind wie eine Wildkatze bin ich aus dem Bett, springe die Treppe zum Wohnzimmer herunter, sitze am Tisch und wähle ein anderes Beispiel mit dem Restwert Drei:

$$\frac{1}{7} = 0, \overline{142857}$$

Ich bilde die Potenzen der Zahl Drei und addiere sie:

$$\frac{3^{00}}{10^0} = 0 \qquad\qquad \begin{array}{l} 0 \\ 0,1 \\ 0,03 \end{array}$$

$$\frac{3^0}{10^1} = 0,1 \qquad\qquad \begin{array}{l} 0,009 \\ 0,0027 \end{array}$$

$$\frac{3^1}{10^2} = 0,03 \qquad\qquad \begin{array}{l} 0,00081 \\ 0,000243 \end{array}$$

$$\frac{3^2}{10^3} = 0,009 \qquad\qquad \begin{array}{l} 0,0000729 \\ 0,00002187 \end{array}$$

$$\frac{3^3}{10^4} = 0,0027 \qquad\qquad 0,000006561$$

$$\vdots \qquad\qquad\qquad\qquad \ddots$$

$$\boxed{0,14285}\,4331\ldots$$

Diese einfache Rechnungsart zeigt sofort, daß sich alle reziproken Zahlen als Potenzsummen ihrer Restwerte (Divisionsreste) darstellen lassen müssen. Dann muß der Kehrwert von 81, die Dezimalzahl

$$0, 01234567\ldots$$

sich als Potenzreihe des Restes 19 darstellen lassen:

$$
\begin{aligned}
19^{00} &: 100^0 = & 0 \\
19^0 &: 100^1 = & 0{,}01 \\
19^1 &: 100^2 = & 0{,}0019 \\
19^2 &: 100^3 = & 0{,}000361 \\
19^3 &: 100^4 = & 0{,}00006859 \\
19^4 &: 100^5 = & 0{,}0000130321
\end{aligned}
$$

$$\boxed{0{,}01234}\,26221\ldots$$

Damit läßt sich die Ordnung der Dezimalzahlen

$$D0012345\ldots$$

als geometrische Reihe für $q = 19$ folgendermaßen darstellen:

$$q^{00} + q^0 + q^1 + q^2 + q^3 + \ldots = \frac{1}{100 - q} = \frac{1}{81} = 0{,}01234\ldots$$

wobei die Summation in der dezimalen Stellenverschiebung durch-zuführen ist. Diese Beziehung soll im Folgenden als

Erster Fundamentalsatz des Reziproken Zahlenraumes

bezeichnet werden. Das Dezimalsystem kommt hier als Summe der Potenzen von Restwerten zur Erscheinung. In der obigen Reihe be-deutet die Zahl

00

deren Einführung im Primzahlraum notwendig war, im Reziproken Zahlenraum einen Exponenten.

Die Existenz der Null. Man kann das Erkannte auch anders ausdrücken: Die Dezimalzahlen der reziproken Zahlen $1/n$ müssen immer kleiner als eins sein. Dann muß die Zahl 0 links vom Komma auch definiert sein. In der Mathematik hat man sie einfach durch ei-nen Kunstgriff eingeführt. Man sagt, 1 durch 81, das geht nicht, das ist 0. In der geometrischen Reihe muß aber die Null der Dezimalzahl $0{,}\ldots$ definiert sein. In der vierdimensionalen Mathematik — die Ma-thematik, in der die Natur angelegt ist — kann es den Satz *das geht nicht, das ist null*, nicht geben. Damit sind wir wieder bei der alten Frage: Woher nimmt der heutige Mathematiker dann überhaupt die Zahlen

$$-1, 0, +1$$

Er kann sie nur erfinden. Die Konsequenz ist: er muß behaupten, Zahlen an sich gibt es nicht.

Die Zahl

$$19^{00} = 0$$

wird damit zum Anfangsglied der fortlaufenden Dezimalzahlen der Ordnung

$$0\boxed{0123456\ldots}$$

In ihr steckt das ganze Rätsel dieser Welt. Ich habe etwas mehr als 13 Jahre gebraucht, es herauszufinden[1].

Dezimale Ordnung der Natur. Jetzt wird verständlich, was die drei Funktionen

$$e^x, \quad \frac{1}{x}, \quad \ln x$$

miteinander verbindet. Die ganzen Zahlen des Primzahlraumes sind dezimal angelegt und ihre Umkehrung, die Zahlen des Reziproken Zahlenraumes, ebenso. Diese eigentlich sehr einfachen mathematischen Zusammenhänge waren uns bisher eben dadurch verschlossen, daß wir die Zahlen als menschliche Erfindung betrachtet hatten und das Dezimalsystem als zufällig. So spricht Leopold Kronecker in seinen Vorlesungen über Zahlentheorie[2] jene mehr als merkwürdige Behauptung mit größter Gelassenheit aus:

... die Zahl Zehn, die nur die beiden Teiler 2 und 5 hat und die ihre Erhebung zur Grundzahl unseres Zahlensystems dem rein zufälligen Umstande verdankt, daß wir mit zehn Fingern ausgestattet sind.

Die Zufälligkeit unserer zehn Finger hat vor Kronecker und nach ihm nie ein Mathematiker öffentlich in Zweifel gezogen. Die Umkehrung dieser Behauptung, die zehn Finger sind nicht Zufall, bedeutet, daß der anatomische Bauplan Mathematik ist. Ausgerechnet die Wissenschaft, die den Beweis und nicht die Behauptung zum Maßstab gesetzt hat, ist hier durch eine Behauptung in die Irre gelangt. Selbst Kroneckers geniale Worte, "Gott hat die ganzen Zahlen geschaffen,

---

[1] Helga Plichta starb um 19 Uhr 00. Diese Uhrzeit wird üblicherweise als 19^{00} geschrieben. (Vgl. Erster Band, Zweites Buch.) Mathematisch gelesen heißt dieser Ausdruck 19 hoch 00. Daran hatte ich all die Jahre nicht gedacht.

[2] Es handelt sich um das Vorlesungsmanuskript, das von K. Hensel herausgegeben wurde. Leipzig 1901, Reprint 1978, Seite 7.

der Rest ist Menschenwerk", für die er sich viel Ärger einhandelte von denen, die verlangten, daß Mathematik nichts mit Gott zu tun habe, erweisen sich jetzt als falsch: Zahlen überhaupt und dezimales Rechensystem sind keine Erfindung, das eine ist ohne das andere nicht denkbar. Da der Raum um einen Punkt ein 81er-System ist und für den Restwert 19 die Beziehung

$$\frac{19^{00}}{10^0} + \frac{19^0}{10^2} + \frac{19^1}{10^4} + \frac{19^2}{10^6} + \frac{19^3}{10^8} + \ldots = 0,01234\ldots$$

gilt, sind die Folge der Exponenten und die dezimale Ziffernfolge identisch.

Eine Mathematik mit einem anderen Restwert als 19 wird von der Unendlichkeit nicht zugelassen. Man kann sie höchstens erdenken, das ist dann die dreidimensionale Mathematik. Der Kehrwert der Zahl 81

$$\frac{1}{81}$$

ergibt als Dezimalzahl eine unendliche Summe von dezimalen einzelnen Gliedern: die Folge der natürlichen Zahlen. Diese entsprechen wiederum einer unendlichen Summe von einzelnen dezimalen Logarithmen. Die beiden Exponentenfolgen

$$00, 0, 1, 2, 3, 4, 5, 6, 7, 8, \ldots$$
$$0, \quad 2, \quad 4, \quad 6, \quad 8, \ldots$$

sind gerade die Ziffernfolgen, mit denen sowohl die Zweierabstände als auch die Viererabstände der Zwillinge auf den acht Strahlen durch die Quadratur in der Ebene auseinandergezogen werden. Die tiefste logische Notwendigkeit für das Dezimalsystem liegt damit im Takt der Primzahlen, die sich von dem Zwilling ±1 ableiten und damit von der Schale **0**.

Der Raum der Erscheinungswelt. Die Idee, mit Restwerten zu arbeiten, stammt von Euler, wurde aber erst von Gauß in den "Disquisitiones Arithmeticae" in genialer Weise durch die Modultechnik formalisiert. Gauß, der sein Buch zwischen dem 17. und 19. Lebensjahr schrieb, muß mit seinen zahlentheoretischen Ergebnissen auf seine Zeitgenossen wie ein Zauberer gewirkt haben. Ob er aber das wirkliche Geheimnis — nämlich die Vermutung, daß die Modultechnik nur deswegen Lösungen liefert, weil hinter ihr die Ordnung des Primzahlkreuzes steht — geahnt hat, können wir nicht sagen.

Der Reziproke Zahlenraum stellt die Umkehrung der Unendlichkeit des Primzahlraumes um einen Punkt dar. Jeder Punkt im Reziproken Raum ist nicht nur unvorstellbar genau dezimal festgelegt, sondern unendlich genau. Es handelt sich um den von uns wahrgenommenen, physikalischen Raum der drei Dimensionen, was erst im nächsten Kapitel aus dem Wesen der Differentialrechnung klar werden wird. In ihm existieren drei Sorten von dezimalen Zahlen:

rationale

algebraische

transzendente

Es gibt in diesem Raum der von den Mathematikern "reell" genannten Zahlen keine Lücken, wobei festzustellen ist, daß der Körper der reellen Zahlen in der heutigen Mathematik längst eine nicht fortzudenkende Beschreibung des Raumes ist.

Ich trete vor einen rechtwinkligen Spiegel. Ich bin in diesem Raum ein Objekt, das sich frei hin und her bewegen kann. Dieser Raum stellt den ersten Quadranten eines Raumes aus vier Quadranten dar, der seinen Mittelpunkt im Spiegelzentrum besitzt. Es gehört einige Vorstellungskraft dazu, die Spiegelflächen fortzudenken und sich jedes Objekt erstens umgeben von seinem Reziproken Zahlenraum vorzustellen, zweitens den Reziproken Raum als nur einen Quadranten eines vierdimensionalen Raumes zu denken.

Der Reziproke Raum ist der Raum unserer alltäglichen Vorstellung, von Kant der phänomenale Raum (Raum der Erscheinungswelt) genannt. Daß es mit dem vierdimensionalen Primzahlraum nicht nur eine "noumenale" Welt an sich, sondern sogar einen "noumenalen", rechtwinklig strukturierten Zahlenraum an sich gibt, konnte Kant noch nicht wissen. Deshalb konnte Kant auch noch nicht die Antinomie zwischen Endlichkeit und Unendlichkeit des Erscheinungsraumes lösen im Sinne einer "Aufhebung" in die qualitative Unendlichkeit.

Das zweite reziproke Quadratgesetz. Schütten wir einen Sack Erbsen im Raum aus, gehorcht die Verteilung der Erbsen der Gesetzmäßigkeit

$$e^{-x^2}$$

Genausogut können wir gedanklich mit einem Mol Sauerstoff spielen und somit Anzahlen benutzen, die man sich kaum noch vorstellen kann.

Jede Ausbreitung einer elektromagnetischen Welle im Primzahlraum dagegen verläuft quadratisch und somit als Abnahme reziprok quadratisch, also nach der Gleichung

$$\frac{1}{x^2}$$

Auch im Reziproken Raum verläuft die Ausbreitung reziprok quadratisch, jedoch **exponentiell** nach der Zahl, die die Ordnung der Zahlen $0, 1, 2, 3, \ldots$ regelt, also nach e. Das Verhältnis der Quotienten aller Zahlen auf dem Primzahlkreuz führt, wie wir gesehen haben, zu e^x. Gedanklich stellt ein Sack Erbsen auch nichts anderes als ein Verhältnis aller Erbsen untereinander dar. In der Ausbreitungsebene führt die Quadratur dann zu quadratischen Gliedern von x und damit zur Gesetzmäßigkeit e^{x^2}.

Wir erhalten das reziproke Quadratgesetz des Reziproken Zahlenraumes:

$$\frac{1}{e^{x^2}}$$

Es liegt auf der Hand, die Ausbreitung im Primzahlraum mit der Ausbreitung im Reziproken Zahlenraum zu vergleichen, also die Funktionen x^2 und e^{x^2} ins Verhältnis zu setzen. Mathematisch ergibt sich

$$\frac{x^2}{e^{x^2}} = x^2 \cdot e^{-x^2}$$

Die Funktionen e^{-x^2} (Gauß-Verteilung) und $x^2 e^{-x^2}$ (Maxwell-Verteilung) sind die grundlegenden Gleichungen für die mathematische Behandlung von Gasen in der Thermodynamik. Ebenso sind sie die grundlegenden Gleichungen für die mathematische Statistik. Das Kühne an der Deutung dieser Verteilungsgesetze besteht darin, daß die vierdimensionale Mathematik nicht neue Formeln einführt, sondern auf die vorhandenen zurückgreift, diese aber tiefer in ihren Zusammenhängen versteht.

Duale Entscheidungen. Statistik verbindet sich in unserer Vorstellung mit dem Gedanken der Zufälligkeit. Kehren wir noch einmal zu dem Gedankenmodell des Erbsensackes zurück. Bisher hat man sich den Raum als ein Nichts vorgestellt, in dem sich Erbsen durch zufällige **duale** Stoßprozesse (hauptsächlich Zweierstöße) glockenkurvenartig verteilen. In Wirklichkeit stellen die einzelnen Erbsen Objekte dar, die sich in einem reziproken Zahlenraum befinden, der wie der Primzahlraum aus dem Wesen der Unendlichkeit, somit aus der Dreifachheit der Ausdehnung von

Raum
Zeit
Zahlen

existiert. In einem solchen Raum verteilen sich die Objekte wie Zahlen, denn für jede unendlich feine Bewegungsänderung einer Erbse oder eines Atoms existieren unendlich genaue Koordinatenpunkte.

Wie im Kapitel 6 angekündigt, wollen wir die Frage lösen, was die Eulersche Zahl e und duale Entscheidungen miteinander verbindet.

Zur Untersuchung der Statistik von Zweierstößen betrachten wir den Fall einer einzigen Kugel durch ein Nagelbrett. Die Kugel soll von der nullten Etage herunterfallen und besitzt dabei nur eine Möglichkeit der Fallrichtung. Fällt sie nun auf den ersten Nagel, kann sie nach links oder rechts fallen. Wir betrachten die Wahrscheinlichkeit, daß sie nach rechts fällt. Sie beträgt 1/2. Beim Herunterfallen auf die zweite Etage hat die Kugel wieder die Entscheidungsfreiheit, nach rechts oder links zu fallen.

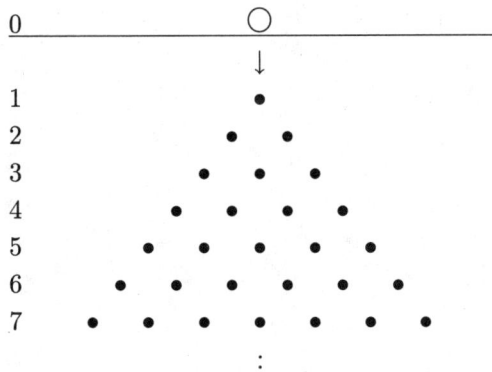

Für die Wahrscheinlichkeit, ein weiteres Mal nach rechts zu fallen, ergibt sich der Wert 1/2·1/2. Auf der dritten Etage beträgt dann der Wert der Entscheidung für rechts 1/2·1/2·1/2, usw. Wir summieren nun die Einzelwahrscheinlichkeiten für den fortgesetzten unendlichen Fall nach rechts und erhalten

$$1 + \frac{1}{2} + \frac{1}{4} + \frac{1}{8} + \ldots = 2$$

Da die Kugel beim Herunterfallen immer nur zwei mögliche Entscheidungen besitzt, muß die Summe der Entscheidungen für rechts wegen der nullten Etage — hier herrscht nur eine Entscheidungsmöglichkeit — den Wert Zwei ergeben. Die entsprechende Potenzreihe lautet:

$$2^0 + 2^{-1} + 2^{-2} + 2^{-3} + \ldots = 2$$

Die Verwandtschaft von 2 und e. Statt die einzelnen Entscheidungen für einen vorgeschriebenen Weg nach rechts zu untersuchen, wollen wir nun den Fall der Kugel betrachten, wenn freie Entscheidbarkeit herrscht. Der Verlauf der Kugel von der nullten über die erste Etage ist derselbe wie im obigen Beispiel. In der zweiten Etage existiert jeweils **1** Weg, um zum linken, und **1** Weg, um zum rechten Nagel zu gelangen. Zum mittleren Nagel der dritten Etage führen genau **2** Wege. Die beiden mittleren Nägel der vierten Etage können über jeweils **3** Wege erreicht werden. In der nächsten Etage existieren für die jeweiligen Nägel **1, 4, 6, 4, 1** Wegkombinationen. Allgemein erhalten wir folgendes Schema, das nach dem französischen Mathematiker und Philosophen Blaise Pascal benannte Dreieck:

$$
\begin{array}{ccccccccc}
 & & & & & & & & \rightarrow \quad 0 = 2^{00} \\
 & & & & 1 & & & & \rightarrow \quad 1 = 2^{0} \\
 & & & 1 & & 1 & & & \rightarrow \quad 2 = 2^{1} \\
 & & 1 & & 2 & & 1 & & \rightarrow \quad 4 = 2^{2} \\
 & 1 & & 3 & & 3 & & 1 & \rightarrow \quad 8 = 2^{3} \\
1 & & 4 & & 6 & & 4 & & 1 \quad \rightarrow \quad 16 = 2^{4} \\
\end{array}
$$

				1				→ $1 = 2^0$
			1	1				→ $2 = 2^1$
		1	2	1				→ $4 = 2^2$
	1	3	3	1				→ $8 = 2^3$
1	4	6	4	1				→ $16 = 2^4$
1	5	10	10	5	1			→ $32 = 2^5$
1	6	15	20	15	6	1		→ $64 = 2^6$
1	7	21	35	35	21	7	1	→ $128 = 2^7$
1	8	28	56	70	56	28	8	1 → $256 = 2^8$

Für jede der einzelnen Etagen gilt, daß die Summe über die Wegkombinationen eine Potenz der Zahl 2 ist. Von einer fallenden Kugel wird pro Etage von der Summe aller Wegkombinationen, also von 2^n, eine ausgewählt:

$$\frac{1}{2^n}$$

Die Aufsummierung aller reziproken Zweierpotenzen liefert somit eine Grundkonstante, die Zahl

$$2$$

Die unendliche Reihe $1 + 1/2 + 1/4 + 1/8 + \ldots$ wurde von Leibniz untersucht. Ihre Summe, die Zahl 2, hat aber nie Anlaß zu der

Vermutung gegeben, daß es sich bei der Zahl 2 um eine Naturkonstante handelt. Wir brauchen nämlich nur an die Ableitung von e zu denken, die (vgl. Kap. 6) über die Aufsummierung der reziproken Fakultäten erfolgt, wobei $1/n!$ eine von $n!$ Möglichkeiten bedeutet. Es liegt die Vermutung nahe, daß die Zahl 2 und die Naturkonstante e eng miteinander verknüpft sind, da wir sie beide über einen verwandten Ordnungsgedanken gewonnen haben.

Abnahme der Wichtigkeit und Zickzackfall. Wenn eine Vielzahl von Kugeln durch das Brett läuft, hat die Verteilung die Form einer Glockenkurve. Die Genauigkeit nimmt mit der Anzahl der Etagen und der Kugeln zu (e^{-x^2}). Damit kann man sofort zum Kern der Sache stoßen. Was verbindet die Zahlen 2 und e? Hierzu führen wir ein gedankliches Experiment aus.

1. Auf der nullten Etage besitzt eine Kugel nur eine Möglichkeit der Fallrichtung. Sie soll auf den ersten Nagel treffen (erste Etage). Ob sie jetzt nach rechts fällt, wird von entscheidender Bedeutung sein für den endgültigen Ort ihres späteren Verbleibes in der Verteilungskurve. Der Ort ihrer Entscheidung auf der zweiten Etage ist also abhängig von der Entscheidung der darüberliegenden Etage. Das gleiche gilt für den Nagel, auf den die Kugel in der dritten Etage trifft. Er ist wiederum abhängig von den Etage darüber. Wir können folgern: die Wichtigkeit der einzelnen Etagen nimmt mit der Anzahl der Nägel ab. Die n-te Etage besitzt n Nägel. Die Wichtigkeit (der einzelnen Etagen) für den endgültigen Aufenthaltsort der Kugel verläuft somit über die reziproken Zahlen

$$1, \frac{1}{2}, \frac{1}{3}, \frac{1}{4}, \frac{1}{5}, \ldots$$

2. Die Wahrscheinlichkeit der Fallrichtung einer Kugel nach links oder rechts ist jeweils $1/2$. Eine Kugel soll nun idealerweise immer abwechselnd nach links und rechts fallen. Sie wird dann genau im Mittelpunkt der Gaußschen Glockenkurve antreffen. Dabei soll die Wichtigkeit der Etagen, durch die sie fällt, ebenso, wie oben beschrieben, abnehmen. Wir werden die alternierenden Fallrichtungen links oder rechts durch Vorzeichenwechsel von plus und minus in der Summation ersetzen. Wir erhalten

$$1 - \frac{1}{2} + \frac{1}{3} - \frac{1}{4} + \frac{1}{5} - + \ldots = 0,69314\ldots = \ln 2$$

3. Würden wir unendlich viele Kugeln durch unendlich viele Etagen laufen lassen, wäre die Verteilung der Kugeln exakt symmetrisch, weil die Links-Entscheidungen und die Rechts-Entscheidungen gleich wahrscheinlich sind. Dabei liegt der oben gedachte Zickzackweg in der Mitte. Der Wert 0, 69314... ist nun der Logarithmus zur Basis e der ganzen Zahl 2, also

$$e^{0,69314\ldots} = 2$$

Hintergrund der Statistik. Da wir im 9. Kapitel den natürlichen Logarithmus von 2 direkt aus dem Wesen der Differential- und Integralrechnung und der Struktur des vierdimensionalen Raumes ableiten werden, soll hier nur der Zusammenhang von e und der Zahl 2 untersucht werden.

Für eine Menge von Gasatomen, die sich gegenseitig stoßen, gilt mathematisch dasselbe wie für das Nagelbrettmodell. Die Stöße der einzelnen Atome untereinander (Zweierstöße) erscheinen uns im höchsten Maße ungeordnet. Doch für eine größer werdende Anzahl von Stößen ist das gesamte System immer geordneter, über Gleichungen von e oder über Funktionen des natürlichen Logarithmus. Der scheinbare Widerspruch zwischen statistischer Unordnung und exakter Beschreibung durch mathematische Gleichungen ist den Physiko-Chemikern schon im vorigen Jahrhundert aufgefallen. Dieser Widerspruch löst sich jetzt durch Einführung der Naturkonstanten 2 bzw. ln 2 für Zweierstöße.

Hier sehen wir den Zusammenhang zum Wirrwarr der Geschichte (Kapitel 6). Die unzähligen Einzelentscheidungen verwirklichen, je zahlreicher sie sind, einen Geschichtstrend, ein geschichtliches Gesetz. Da aber aus der Unzählbarkeit der vielen kleinen Einzelentscheidungen einzelne hervorragen und die anderen überlagern, wird der rein mathematische Trend doch durch bedeutende Einzelentscheidungen dominiert. Das ist wiederum nur Ausdruck eines Willens der Unendlichkeit aus Raum, Zeit und Zahlen, sei es göttlicher oder menschlicher Wille. Homo est capax infiniti[1]!

$\pi/4$ **als natürlicher Logarithmus.** Wir wollen nun die alternierende Reihe des Logarithmus 2 in zwei Reihen aufspalten, nämlich in die im Vorzeichen alternierenden reziproken geraden und ungeraden Zahlen. Es ist

$$-\frac{1}{2} + \frac{1}{4} - \frac{1}{6} \pm \ldots = -\frac{1}{2} \cdot \ln 2$$

---

[1] Der Mensch ist des Unendlichen mächtig. — Oder: Der Mensch ist Inkarnation des Unendlichen.

Die Reihe

$$\frac{1}{1} - \frac{1}{3} + \frac{1}{5} - \frac{1}{7} \pm \ldots = \frac{\pi}{4}$$

läßt nicht erkennen, daß auch sie zu einem Logarithmus führt. Der Nachweis erfolgt über die Beziehung $\ln i = i \cdot \pi/2$. Wir wandeln um in $1/2 \cdot \ln i = i \cdot \pi/4$ bzw.

$$-i \cdot \ln \sqrt{i} = \frac{\pi}{4}$$

Zusammenfassend erhalten wir

$$-\frac{1}{2} + \frac{1}{4} - \frac{1}{6} + \frac{1}{8} \mp \ldots = -\ln \sqrt{2}$$

$$+\frac{1}{i} - \frac{1}{3i} + \frac{1}{5i} - \frac{1}{7i} \pm \ldots = -\ln \sqrt{i}$$

Beide alternierenden Reihen führen zu logarithmischen Ausdrücken. Es ist bemerkenswert, daß die Anfangsglieder 2 und i in den Argumenten des Logarithmus wiedererscheinen. Hierbei ist zu beachten, daß die Alternierung wichtig ist, da die entprechenden nicht-alternierenden Reihen divergieren.

Schon jetzt läßt sich erkennen, daß es neben der Ordnung der Zahlen auf dem Primzahlkreuz eine weitere Ordnung geben muß. Es gibt nämlich bei dualen Entscheidungen (plus, minus) unendlich viele Unordnungen, z.B.

$$+, -, -, +, +, -, +, +, +, \cdots \text{ oder } -, +, +, -, +, +, +, -, \cdots \text{ usw.}$$

In der Unordnung existiert aber gerade eine **Ordnung** nämlich der natürliche Logarithmus mit den Alternierungen

$$+, -, +, -, \cdots \text{ bzw. } -, +, -, +, \cdots$$

Euklidische Räume. Reziproker Zahlenraum und Primzahlraum sind über ein rechtwinkliges Koordinatensystem miteinander verknüpft. Beide Räume müssen streng euklidisch sein, wie nicht-euklidisch auch immer die Körper oder Konstruktionen darin sein mögen. Es stellt sich die Frage, ob es auch andere Räume geben kann, die nicht rechtwinklig sind. Könnte es einen hyperbolischen oder parabolischen Raum überhaupt geben? Es ist bekannt, daß die Winkelsumme eines Dreiecks auf der Kugeloberfläche größer als 180 Grad ist. Da eine Kugel ein geometrischer Körper ist, sagen Winkelsummen auf der Kugeloberfläche überhaupt nichts über das Wesen des Raumes aus. Kein Körper kann als solcher Aufschluß geben über die Natur des Raumes. Die Frage ist viel tiefer: Kann der Reziproke Raum und seine Umkehrung, der Primzahlraum, überhaupt anders sein als rechtwinklig? Ist das nicht der Fall, ist mit einem Schlag die Vermutung von Pierre Fermat bewiesen. Wenn um jeden Punkt des Primzahlraumes der Raum von rechtwinkligen Koordinaten geschnitten wird, die frei drehbar sind, wird jede Linie, die dieses Koordinatenkreuz schneidet, zur Hypothenuse eines rechtwinkligen Dreiecks. Alle rechtwinkligen Dreiecke gehorchen der pythagoräischen Gleichung

$$x^2 + y^2 = z^2$$

Die Fermatsche Vermutung als Raumproblem. Wir beginnen die Untersuchung mit der Reihenentwicklung

$$e^x = 1 + x + \frac{x^2}{2!} + \frac{x^3}{3!} + \frac{x^4}{4!} + \dots$$

Diese Reihe gilt auch für komplexe Argumente. Wir setzen iy ein und erhalten

$$e^{iy} = 1 + iy - \frac{y^2}{2!} - i\frac{y^3}{3!} + \frac{y^4}{4!} + i\frac{y^5}{5!} - \frac{y^6}{6!} + \dots$$

Wir spalten in jeweils gerade und ungerade Exponenten auf und erhalten schließlich die Eulersche Formel

$$e^{iy} = \cos y + i \sin y$$

wobei folgende Potenzreihen gelten:

$$\cos y = \frac{y^0}{0!} - \frac{y^2}{2!} + \frac{y^4}{4!} - \frac{y^6}{6!} + - \dots$$

$$\sin y = \frac{y^1}{1!} - \frac{y^3}{3!} + \frac{y^5}{5!} - \frac{y^7}{7!} + - \dots$$

Euler setzte $y = 2\pi$ und erhielt, da der Sinus von 2π null ist, die berühmte Eulersche Formel:

$$e^{2\pi i} = \cos 2\pi = 1 \quad \text{bzw.} \quad e^{i\pi} = -1$$

Die Reihenentwicklung für $\sin y$ und $\cos y$ wurde von Isaac Newton entdeckt[1]. In beiden Reihen ist der Verlauf der alternierenden Vorzeichen gleich:

sin: $+ - + - + - + \dots$

cos: $+ - + - + - + \dots$

---

[1] De analysi per aequationes numero terminorum infinitas, 1665-1666.

Dies hat merkwürdigerweise dreihundert Jahre niemanden gestört, obwohl die Kurven des Sinus und des Cosinus um die Phase $\pi/2$ verschoben sind.

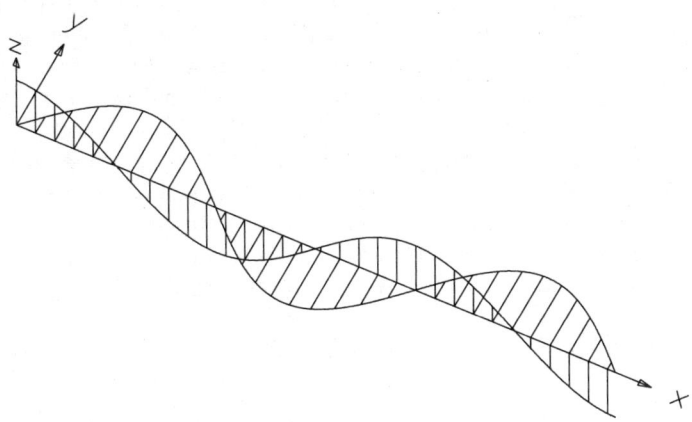

Abbildung 22

Korrektur der Potenzreihe für den Sinus. Aus der e^x-Funktion ist beim Übergang zu imaginären Exponenten eine Kreisfunktion entstanden, bei der Cosinus- und Sinus-Anteil rechtwinklig aufeinanderstehen. Hierbei ist, wie die Potenzreihenentwicklung für dezimale Zahlen zeigt, die Reihe für den Sinus unvollständig, denn wenn für Exponenten der e^x-Funktion die Ordnung der dezimalen Zahlen

$$\text{D0012345} \ldots$$

gilt[1], dann muß das gleiche für die Funktion

$$e^{iy}$$

gelten. Die Reihe für den Sinus muß um das Anfangsglied y^{00} erweitert werden und lautet nunmehr:

$$\sin y = \frac{y^{00}}{00!} + \frac{y^1}{1!} - \frac{y^3}{3!} + \frac{y^5}{5!} - + \ldots$$

Somit beginnt der Cosinus wie bisher mit 1, der Sinus hingegen mit der Zahl 0:

$$\cos y = 1 - \frac{y^2}{2!} + \frac{y^4}{4!} - \frac{y^6}{6!} + - \ldots$$

$$\sin y = 0 + \frac{y^1}{1!} - \frac{y^3}{3!} + \frac{y^5}{5!} - + \ldots$$

---

[1] Es ist $e^{1/n} = e^{0,\cdots}$ für $n = 2, 3, 4 \ldots$

Die neue Vorzeichenalternierung. Wir hatten in Kapitel 3 die Zahlen

$$D0012345\ldots$$

als die Vergrößerungszahlen erkannt, mit denen die Quadrate der Zahlen, die sich von der Eins ableiten, auseinandergezogen werden. Da die ersten vier Primzahlzwillinge durch die Form des Primzahlkreuzes eine Geometrie besitzen, werden wir nun die Vergrößerungszahlen ebenfalls geometrisieren. Nun sind die Vergrößerungszahlen so aufgeteilt, daß sich jeweils die geraden Zahlen (des Cosinus) und die ungeraden Zahlen (des Sinus) alternierend gegenüberstehen. Diese Geometrisierung in vier Sorten Zahlen folgt einfach aus der Tatsache, daß der vierdimensionale Raum um eine Unterschale dem Vorzeichenwechsel gehorchen muß, der durch die Quadratur erfolgt (vgl. oben S. 34, Fußnote). Wir zerlegen die Folge

$$-00, +0, +1, -2, -3, +4, +5, -6, -7, \ldots$$

in die alternierenden Vorzeichen für den Sinus und den Cosinus und erhalten

$$\textbf{sin:} \quad - \ + \ - \ + \ - \ + \ - \ \ldots$$
$$\textbf{cos:} \quad + \ - \ + \ - \ + \ - \ + \ \ldots$$

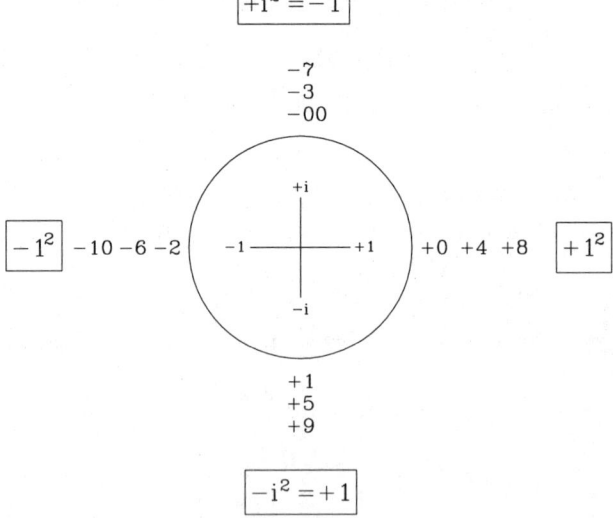

Abbildung 23

Indem wir den Vorzeichenwechsel von Sinus und Cosinus korrigiert haben und den Sinus dort beginnen lassen, wo er tatsächlich beginnt, nämlich bei 0, dürfen wir behaupten, daß elektromagnetische Wellen aus senkrecht zueinander stehenden Anteilen bestehen müssen, weil der vierdimensionale Raum genauso strukturiert ist.

Lösungen: Fermat und Vierfarbenproblem. Wir wollen ein Elektron und seinen umgebenden unendlichen Primzahlraum betrachten. Das Elektron soll schwingen. Der Raum um das Elektron wird die gleiche Schwingung mitvollziehen. Die Schwingung wird sich periodisch ausbreiten, wie es die transzendenten, aufeinander senkrecht stehenden Potenzsummenfunktionen vorschreiben. Hierbei sind alle vorkommenden Zahlen streng geordnet. Die Welle wird sich nach dem Gesetz des reziproken Quadrates in die Unendlichkeit verdünnen, der Raum wird zeitlich nicht mehr aufhören zu schwingen. Wir wollen nun das Elektron durch einen mathematischen Punkt ersetzen. Ob er Mittelpunkt eines Primzahlraumes ist oder einen Punkt im Reziproken Raum darstellt, wird völlig belanglos. Zwischen beiden Räumen steht nichts als der mathematische Zusammenhang der Umkehrung. Wir hatten gezeigt, daß zwischen einer Zahl 3 und ihrem Kehrwert 0,333... die Quadratur gilt und daß hinter der Quadratur das dezimale Stellensystem steckt. Die Quadratur gilt nur dann zwingend, wenn die Bedingung der Rechtwinkligkeit erfüllt ist. Somit wird die Gaußsche Zahlenebene zur Grundlage der Rechtwinkligkeit. Einen Raum, der diese Rechtwinkligkeit nicht erfüllt, kann es nicht geben. Alle Flächen mit rechten Winkeln gehorchen der Grundgleichung

$$3^2 + 4^2 = 5^2$$

Gleichungen mit höheren Exponenten kann man sich zwar vorstellen. Können sie auch Lösungen besitzen? Nein, denn das Wesen der Dreifachheit von Raum, Zeit und Zahlen ist eine vierfach strukturierte Unendlichkeit, das aber heißt Rechtwinkligkeit. Diese Unendlichkeit bildet den wahren Grund für die Struktur des Raumes, für die Ordnung der Zahlen sowie für die mathematischen und physikalischen Konstanten. Die Ausdehnung des Primzahlraumes sowie des Reziproken Zahlenraumes ist quadratisch. Eine nicht quadratische Ausbreitung, die höheren Exponenten gehorcht, kann es nicht geben. Die Verknüpfung von Primzahlraum und Reziprokem Zahlenraum erfolgt durch ihre dezimale Konstruktion. Damit ist bewiesen, daß das Dezimalsystem das einzige System ist, in dem das Universum angelegt sein kann. Gleichzeitig ist die Fermatsche Vermutung bewiesen.

Das Vierfarbenproblem ist damit gleicherweise gelöst. Denn der Raum um einen Punkt ist vierdimensional. Beim Einfärben von Ländern auf geographischen Karten dürfen sich die einzelnen Länder in einem Punkt berühren. Auch wenn eine Geographiekarte nur eine Fläche eines Raumes darstellt, der die Dimension Fläche hoch zwei besitzt, gilt die Vierfachheit um einen Punkt.

Solange wir über die Struktur des Raumes nichts wußten, ließen sich das Vierfarbenproblem und das Fermatsche Problem nicht lösen. Die Art unserer Lösung läßt erkennen, warum die bisherige Vorgehensweise, das Problem in den Griff bekommen zu wollen, von Anfang an zum Scheitern verurteilt war. Es kam nicht darauf an zu beweisen, daß ganzzahlige Exponenten größer als 2 wenigstens eine Lösung liefern. Es kam auch nicht darauf an zu beweisen, daß Exponenten größer als 2 keine Lösungen liefern können. Entscheidend ist vielmehr: Warum liefert der Exponent 2 unendlich viele Lösungen? Die Antwort lautet: Weil die Struktur der Unendlichkeit quadratisch ist und die Zahlen, für die bisherige Mathematik unerkennbar, sich im Raum nur quadratisch ausdehnen können[1].

Durch diese positive Einsicht in Wesen und Zutreffen der Vermutung des Zahlentheoretikers und Juristen Pierre de Fermat werden andere Lösungen eo ipso ausgeschlossen.

---

[1] 1993 überraschte der britische Mathematiker Andrew Wiles die Fachwelt, daß er die Vermutung des japanischen Mathematikers Yukata Taniyama gelöst hat. Falls sein Beweis stimmt, wäre damit auch die Fermatsche Vermutung bewiesen. Andrew Wiles wäre aber nur Zweitentdecker, da er noch in der gängigen Vorstellung befangen ist: Jede komplexe Zahl besteht aus zwei reellen, und damit ist eine elliptische Kurve über den komplexen Zahlen ein zweidimensionales Gebilde im vierdimensionalen Raum und somit jenseits unseres Vorstellungsvermögens, — genau da liegt der Irrtum. 1994 konnten wir den vierdimensionalen Primzahlraum direkt aus der Theorie der komplexen Zahlen ableiten.

Kapitel 9

Infinitesimalrechnung

1. Die logarithmische Verteilung der Primzahlen

Fortgesetzte Integration. Wir sind nun in der Lage, auf die Kernfrage einzugehen, warum das Integral von $1/x$ den natürlichen Logarithmus bildet. Zu diesem Zweck betrachten wir die Reihe der Unomalzahlen 01234... als Exponentenfolge

$$x^0, x^1, x^2, x^3, x^4, \ldots$$

Der Raum um einen Punkt ist dann nicht einfach nach fortlaufenden Zahlen geordnet, sondern nach Exponenten. Da es bei n Exponenten n-Fakultät Kombinationsmöglichkeiten gibt, müssen wir auch hier, wie bei der Ableitung von e, dadurch ordnen, daß wir jedes fortlaufende Glied der Folge mit dem Kehrwert derjenigen Fakultät multiplizieren, die der Position auf dem Primzahlkreuz entspricht (nach M. Felten). Wir erhalten direkt die Newtonsche Exponentialreihe

$$\frac{x^0}{0!} + \frac{x^1}{1!} + \frac{x^2}{2!} + \frac{x^3}{3!} + \ldots = 1 + x + \frac{x^2}{2} + \frac{x^3}{6} + \frac{x^4}{24} + \ldots$$

Es läßt sich nun begründen, warum Leibniz jenes spielerisch einfache Integrationsverfahren entdeckte, das darin besteht, den Exponenten um die Zahl 1 zu vergrößern und durch den neuen Exponenten zu dividieren. Der Schritt in der obigen Reihe von einem Glied zum nächsten ist nur eine Vergrößerung der Kombinatorik. Bis zum Glied x^4 sind schon 24 Kombinationsmöglichkeiten vorhanden. Mit Vergrößerung durch den Ausdruck x^5 erhöhen sich die Möglichkeiten auf 120, also um den Faktor 5. Da sich mit jedem fortlaufenden Glied ad infinitum immer dasselbe wiederholt, reicht für die Integration einer Funktion die Leibnizsche Entdeckung: Erhöhung des Exponenten um 1 und teilen durch den neuen Exponenten. Für die Differentiation mußte Leibniz eine Verkleinerung des Exponenten um 1 finden und eine Multiplikation mit dem neuen Exponenten, was bedeutet, daß sich die Kombinatorik gerade um diesen Faktor verringert.

Wir schreiben die Exponentialfunktion nunmehr als Summe einer fortgesetzten Integration der Zahl Eins:

$$1 + \left(\int 1 + \iint 1 + \iiint 1 + \iiiint 1 + \ldots \right) dx = e^x$$

was ausdrückt, daß in der Folge der unomalen Exponenten 01234...
jede Zahl um Eins vergrößert wird. Indem diese Folge in den beiden
ersten Gleichungen als Exponentenfolge verwendet wurde, ergibt sich
dieser Integralsatz.

Logarithmus als Spiegelung. Die Exponentenfolge 01234...
liefert für den Exponenten 0 das Anfangsglied

$$1$$

des Integralsatzes. Vergrößern wir nun die Exponenten 01234... um
den Exponenten -1, begehen wir einen Fehler. Denn die Zahl -1
existiert nicht auf den Schalen des Primzahlkreuzes. Sie existiert nur
als Spiegelform auf der Unterschale. Unterschale und die darüberliegenden Zahlenkreise sind aber durch die Quadratur voneinander
getrennt. Als man

$$x^{-1} = \frac{1}{x}$$

definierte, wurde eine Zahl eingeführt, bei der die Leibnizsche Inte-
gralrechenregel versagen mußte. Daß hierfür der Wert $1/0$ entstehen
mußte, ist nur ein vordergründiges Symptom der nicht erkannten Natur von -1. Ob man mit positiven oder negativen Zahlen rechnet, ist
ohnehin nur Definitionssache. Für beide gilt die Leibnizsche Rechenregel. Für Zahlen (Exponenten) der Ordnung des Primzahlkreuzes
gibt es überhaupt nur eine einzige negative Zahl, das ist die raumge-
spiegelte -1.

Der Sprung muß gerade an der Stelle erfolgen, wo die natürlichen Zahlen verlassen werden. Der Ausdruck e^x stellt eine
Ordnung dar, deren Umkehrung als Spiegelung den natürlichen Logarithmus ergibt. Die fortgesetzte Integration der
Eins liefert die Funktion e^x. Wenn wir die Eins mit ihrem
Spiegelbild vertauschen, muß als Umkehrung die Integration
von -1, der Logarithmus als Spiegelung auftreten.

$$\int x^{-1}\,dx = \ln x$$

Die Umkehrung aller erweiternden Zahlenkreise liefert die Hyperbel.
Hierbei ist zweierlei zu berücksichtigen:

1. Jede Zahl ist noch mit dem Faktor 1^2 zu multiplizieren.
Der Flächencharakter der Zahl 1^2 bleibt bei der Umkehrung

erhalten. Die Integralrechnung ist von ihrem Wesen her in der Tat eine Flächenberechnung.

2. Die Umkehrung der unteren Schale ist nicht so einfach. Die Gaußsche Zahlenebene ist der komplexe Zahlenkörper, der die Formel

$$e^{2\pi i} = 1$$

liefert. Der Exponent $2\pi i$ muß dann als Logarithmus bei der mathematischen Betrachtung der Hyperbel wieder auftauchen, wie die zentrale Formel der Funktionentheorie, die Cauchysche Integralformel, zeigt. Dabei gilt der konstante Wert $2\pi i$ des Umlaufintegrals über $1/z$ als Grundlage.

Fortgesetzte Differentiation. Die Ableitung des Ausdrucks e^x aus der fortgesetzten Integration der Eins führt zur Frage der Umkehrung dieses Gedankens. Die Umkehrung der fortgesetzten Integration stellt eine fortgesetzte Differentiation dar. Wir wenden nun die Leibnizsche Differentiationsregel auf negative Exponenten

$$x^{-1}, x^{-2}, x^{-3}, x^{-4}, \ldots$$

an. Den Ausdruck $x^0 = 1$ dürfen wir nicht verwenden, da gerade dort der Sprung zu den negativen Exponenten erfolgt. Die fortgesetzte Differentiation von x^{-1} liefert

$$(x^{-1})' = (-1)x^{-2}$$
$$(x^{-1})'' = (-1)(-2)x^{-3}$$
$$(x^{-1})''' = (-1)(-2)(-3)x^{-4}$$
$$(x^{-1})'''' = (-1)(-2)(-3)(-4)x^{-5}$$
$$\vdots$$

Wir rechnen die Glieder aus und erhalten die Folge

$$x^{-1}, (-1!)x^{-2}, (+2!)x^{-3}, (-3!)x^{-4}, (+4!)x^{-5}, \ldots$$

Wenn wir die einzelnen Glieder nun zu einer unendlichen Reihe summieren, muß wieder geordnet werden:

$$\frac{x^{-1}}{1!} + \frac{(-1!)x^{-2}}{2!} + \frac{(+2!)x^{-3}}{3!} + \frac{(-3!)x^{-4}}{4!} + \ldots$$

Wir kürzen und erhalten

$$x^{-1} - \frac{x^{-2}}{2} + \frac{x^{-3}}{3} - \frac{x^{-4}}{4} + - \ldots$$

Diese Reihe ist die Potenzreihenentwicklung des natürlichen Logarithmus[1]

$$\ln(1 + x^{-1}) = x^{-1} - \frac{x^{-2}}{2} + \frac{x^{-3}}{3} - \frac{x^{-4}}{4} + - \ldots$$

Hierbei darf die oben erwähnte Potenz $x^0 = 1$ nicht in der Potenzsumme erscheinen, sondern muß im Argument zu x^{-1} addiert werden. Bei der Potenzreihe von e^x hingegen ist x^0 das Anfangsglied der positiven Potenzen. Unter allen ganzzahligen Potenzen von x stellt der Ausdruck x^0 keine Funktion dar, sondern eine Zahl, nämlich 1.

Die Umkehrung der Ordnungskonstanten e. Nicolaus Mercator[2] hat die Logarithmusreihe in folgender Form entdeckt:

$$\ln(1 + x) = x - \frac{x^2}{2} + \frac{x^3}{3} - \frac{x^4}{4} + - \ldots$$

Die Mercator-Reihe konvergiert für alle x betragsmäßig kleiner 1. Während sie für $x = -1$ nicht definiert ist, ist sie für $x = 1$ konvergent und liefert den Wert

$$\ln 2 = 1 - \frac{1}{2} + \frac{1}{3} - \frac{1}{4} + - \ldots$$

also den natürlichen Logarithmus einer ganzen Zahl, der Zahl 2. Die Reihe

$$1 - \frac{1}{2} + \frac{1}{3} - \frac{1}{4} + - \ldots$$

ist die unendliche Reihe von größter Harmonie. Das Rätsel, warum sie zum Logarithmus führt, war bisher unlösbar. Wir zeigen, daß e^x für $x = 1$ die Ordnungskonstante des Primzahlraumes liefert, und folglich durch Umkehrung des Gedankens wieder eine Ordnungskonstante entstehen muß, eben nicht etwa $1/e$, sondern der natürliche

---

[1] Die Reihe konvergiert für alle x betragsmäßig größer 1.
[2] Logarithmotechnia, London 1668.

Logarithmus einer ganzen Zahl[1], und zwar der Zahl 2.

Die fortgesetzte Integration der Zahl $+1$ liefert die Funktion e^x. Die fortgesetzte Differentiation der Potenz hoch -1 liefert die Umkehrung der Exponentialfunktion, den natürlichen Logarithmus $\ln x$.

Diese Beziehung soll im Folgenden als

Zweiter Fundamentalsatz des Primzahlraumes

bezeichnet werden.

Werkzeuge der Unendlichkeit. Wir wollen nun die Unendlichkeit weiterhin mit genau den Werkzeugen untersuchen, die selber das Attribut der Unendlichkeit besitzen. Diese Werkzeuge, die unendlichen Reihen, sind eben keine Fiktionen der Mathematik. Insbesondere die Reihen mit der Vergrößerung um den Wert $+1$ und der Verkleinerung um -1 im Exponenten bilden den Hintergrund für die vierte Rechenart, die vom unendlich Großen und unendlich Kleinen handelt. Diese Dualität von Unendlichkeit im Großen und im Kleinen ist das Besondere der Unendlichkeit. Der Dualismus liegt im Primzahlkreuz in der Struktur von ± 1 begründet.

Wir vergleichen die geometrischen Reihen

$$x^{-1} + x^{-2} + x^{-3} + x^{-4} + \ldots$$

und

$$1^{-x} + 2^{-x} + 3^{-x} + 4^{-x} + \ldots$$

Dabei fällt auf, daß Exponent und Basis in den beiden Reihen vertauscht sind. Die zweite Reihe, auch Dirichlet-Reihe genannt, führt zu der Frage, welche Lösung sich bei der Ableitung der einzelnen Glieder ergibt. Während in der Ableitung

$$\frac{d}{dx} x^n = n \cdot x^{n-1}$$

---

[1] Hier ist nicht der Platz, die Frage zu untersuchen, warum nur Exponenten der Basis 2 zu Primzahlen $2^n - 1$ (Mersennsche Primzahlen) führen und keiner anderen Basis. Nur mit Hilfe Mersennscher Primzahlen ist es überhaupt möglich, zu extrem großen Primzahlen zu gelangen. Wir weisen auch auf die Verwandtschaft zu den Fermatschen Zahlen $F_n = 2^{2^n} + 1$ hin. Man weiß, daß die ersten fünf Zahlen F_0, F_1, F_2, F_3, F_4 Primzahlen sind und vermutet, daß es die einzigen sind.

n als Faktor auftritt, taucht in der Ableitung

$$\frac{d}{dx}\, n^x = \ln n \cdot n^x$$

jener Glieder der Reihe, bei der Basen und Exponenten vertauscht sind, der Faktor $\ln n$ auf. Hier ist wichtig zu verstehen, daß der Logarithmus zur Basis $e = 2,71828\ldots$ entsteht. Man kann natürlich vermuten, daß eine Ordnung von Potenzen von x, die selber zu e^x führt, bei der Umkehrung von Basis und Exponent zur Umkehrung von e^x, nämlich zum natürlichen Logarithmus führt. Der Vergleich der Koeffizienten n und $\ln n$ liefert das Verhältnis

$$\frac{n}{\ln n}$$

Die Zeta-Funktion. Dieser Bruch ist in Kapitel 2 schon besprochen worden: Nach diesem Verhältnis nehmen in der Folge der fortlaufenden Zahlen die Primzahlen ab, wobei völlig ungeklärt ist, was der Verlauf der Primzahlen mit dem natürlichen Logarithmus zu tun hat.

Um das Problem weiter zu untersuchen, gehen wir von der Zeta-Funktion aus, wie sie Euler 1740 in die Mathematik eingeführt hat:

$$\zeta(s) = \frac{1}{1^s} + \frac{1}{2^s} + \frac{1}{3^s} + \frac{1}{4^s} + \ldots$$

Während für $s = 1$ die Reihe divergiert, fand Euler, daß sich die unendliche Reihe für $s > 1$ als unendliches Produkt

$$\zeta(s) = \frac{1}{1 - \dfrac{1}{2^s}} \cdot \frac{1}{1 - \dfrac{1}{3^s}} \cdot \frac{1}{1 - \dfrac{1}{5^s}} \cdot \frac{1}{1 - \dfrac{1}{7^s}} \cdot \frac{1}{1 - \dfrac{1}{11^s}} \cdot \ldots$$

darstellen läßt. Euler selbst muß dieses Ergebnis fazinierend gefunden haben, denn man sieht, daß in dem Produkt nur Primzahlen vorkommen. Die Faktoren des unendlichen Produktes

$$\prod_{p \text{ prim}} \frac{1}{1 - \dfrac{1}{p^s}}$$

lassen sich als geometrische Reihe

$$\sum_{n=0}^{\infty} \left(\frac{1}{p^s}\right)^n = \frac{1}{1 - \dfrac{1}{p^s}}$$

schreiben. Euler konnte zeigen, daß sich die Zeta-Funktion für die geraden Argumente bzw. Exponenten

$$s = 2, 4, 6, 8, 10 \ldots$$

allgemein mit Hilfe der Bernoulli-Zahlen[1] B_s berechnen läßt:

$$\zeta(2n) = \frac{B_{2n} \cdot \left(4\pi^2\right)^n}{2 \cdot (2n)!} \quad \text{für } n = 1, 2, 3, 4, \ldots$$

Beispielsweise ist

$$\zeta(2) = \frac{1}{1^2} + \frac{1}{2^2} + \frac{1}{3^2} + \frac{1}{4^2} + \ldots = \frac{\pi^2}{6}$$

$$\zeta(4) = \frac{1}{1^4} + \frac{1}{2^4} + \frac{1}{3^4} + \frac{1}{4^4} + \ldots = \frac{\pi^4}{90}$$

Daß die Zeta-Funktion für die quadratischen Potenzen überhaupt Werte liefert, die aus quadratischen Anteilen der Kreiszahl π bestehen, läßt sich zwar mit Hilfe der Kotangens-Funktion beweisen, aber die Frage nach dem Warum liegt völlig im Dunkeln. Noch schlimmer sieht die Lage für ungerade Exponenten aus: Bis heute ist keine Gesetzmäßigkeit bekannt.

Eine von drei Sorten Zahlen. Wir nehmen aus dem Produkt die Primzahlen 2 und 3 heraus, die sich nicht von der Eins ableiten[2]:

$$\frac{1}{1 - \dfrac{1}{5^s}} \cdot \frac{1}{1 - \dfrac{1}{7^s}} \cdot \frac{1}{1 - \dfrac{1}{11^s}} \cdot \frac{1}{1 - \dfrac{1}{13^s}} \cdot \frac{1}{1 - \dfrac{1}{17^s}} \cdots$$

dann ergibt sich für die Summenformel:

$$\frac{1}{1^s} + \frac{1}{5^s} + \frac{1}{7^s} + \frac{1}{11^s} + \frac{1}{13^s} + \frac{1}{17^s} + \frac{1}{19^s} + \frac{1}{23^s} + \frac{1}{25^s} + \ldots$$

und betrachten jetzt $s = 2$. Der Wert $\zeta(2) = \pi^2/6$, für den es keine Erklärung gibt, muß sich jetzt ändern. Doch wir wollen das Geheimnis noch ein wenig zurückhalten. Es gibt ein geometrisches Modell,

---

[1] Die Bernoulli-Zahlen werden zu einem späteren Zeitpunkt diskutiert.

[2] Hierbei erstreckt sich das Produkt über alle Primzahlen größer gleich 5.

das die Quadrate aller Primzahlen, die sich von der Zahl Eins ableiten, streng ordnet, und damit natürlich auch alle reziproken Quadrate. Es ist das Primzahlkreuz. Auf dem Primzahlkreuz verlaufen ein Drittel aller Zahlen, nämlich die Sorte, die sich von der Eins ableitet, geordnet:

$$1, 5, 7, 11, 13, 17, 19, 23, 25, 29, \ldots$$

Die Quadratur dieses Codes ergibt die Quadrate, die oberhalb der Zahl 1^2 liegen. Die Summe der reziproken Quadrate liefert den Wert[1]

$$\frac{1}{1^2} + \frac{1}{5^2} + \frac{1}{7^2} + \frac{1}{11^2} + \ldots = \frac{\pi^2}{3^2}$$

Genau das war zu erwarten. Denn die Quadratur der Zahlen, die sich von der Zahl 1 ableiten, findet auf Kreisen statt, und erfaßt wird ein Drittel aller Zahlen.
Der Ausdruck

$$\frac{\pi}{3}$$

stellt eine wichtige Beziehung in der vierdimensionalen Mathematik dar.

Der unendliche Raum um eine Kugel. Seit der Antike stehen uns für Umfang und Fläche eines Kreises und für Oberfläche und Inhalt einer Kugel Formeln zur Verfügung. Betrachten wir die Gleichung

$$V = \frac{4}{3} \pi \, r^3$$

stellt sich die interessante Frage, wieso in dieser Gleichung ausgerechnet die Konstanten 3 und 4 vorkommen. Zur Lösung dieser Frage betrachten wir die Gaußsche Zahlenebene um einen Punkt. Für die Kreisfunktion gilt der Ausdruck

$$e^{2\pi \cdot i} = 1$$

Die Integration der Konstanten 2π nach dem Radius r liefert

$$\int 2\pi \, dr = 2\pi r$$

---

[1] Die Summation ist über alle Zahlen $6n \pm 1$, $n = 1, 2, 3, 4, \ldots$ durchzuführen.

Die zweite Integration ergibt

$$\int 2\pi r\, dr = \pi r^2$$

Bevor wir jetzt ein drittes Mal integrieren, um von der Kreisfläche zum Kugelinhalt zu gelangen, müssen wir erst eine Kugel erzeugen. Dies erfolgt durch Rotation der Kreisfläche über die vier Punkte der Gaußschen Zahlenebene. Dieses Gedankenmodell läßt sich auch anders nachvollziehen. Wenn man eine Kreisfläche in einen Raumspiegel hält, erhält man insgesamt vier Kreise, denen wir die Numerierungen $+1^2$, -1, -1^2, $+1$ zuordnen müssen. Sie sind auch ineinandergesetzt in der Mitte des Raumspiegels vorstellbar. Integriert man die Kugeloberfläche, ergibt sich

$$\int 4\pi r^2\, dr = \frac{4}{3}\pi r^3$$

Somit haben wir die dreidimensionale Geometrie aus der vierdimensionalen Struktur des Primzahlraumes abgeleitet. Wenn wir jetzt ein viertes Mal integrieren

$$\int \frac{4}{3}\pi r^3\, dr = \frac{\pi}{3} r^4$$

erhalten wir die Formel für den vierdimensionalen Raum um eine Kugel. Dieser Raum ist aber gerade identisch mit jenem Raum, den die Abbildung 12 des 2. Kapitels zeigt. Der Raum um die Gaußsche Zahlenebene ist rechtwinklig.

Differentialrechnung und Primzahlkreuz. Die Verhältnisse

$$\frac{\pi^2}{3^2} \quad \text{und} \quad \frac{\pi}{3}$$

lassen sich überhaupt nur aus dem Wesen der Differentialrechnung verstehen. Es ist nämlich die vierte Ableitung von x^4

$$(x^4)'''' = 24$$

Die Zahl 24 stellt die Anzahl der Zahlen auf der ersten Schale des Primzahlkreuzes dar. Hier zeigt sich zum ersten Mal, daß der Code der Primzahlen, der sich von den Zahlen $+1$ und -1 ableitet und auf der ersten Schale zu dem Ausdruck

$$24 \cdot 1^2$$

führt, mit der Differentialrechnung so verknüpft ist, daß das eine undenkbar ist ohne das andere. Das Leibnizsche rechnerische Verfahren der Differentialrechnung ist so einfach, daß keine Notwendigkeit gesehen wurde, seinen Hintergrund gerade im Verlauf der Primzahlen zu suchen. Erst die Zeta-Funktion für $s = 2$

$$\frac{1}{1^2} + \frac{1}{5^2} + \frac{1}{7^2} + \frac{1}{11^2} + \cdots$$

für die Quadrate von Zahlen, die sich auf dem Primzahlkreuz oberhalb der 1^2 geordnet befinden und die sich aus der Quadratur der acht Strahlen des Primzahlkreuzes ergeben, führt zur Erkenntnis des Zusammenhanges von vierter Rechenart, Infinitesimalrechnung und Primzahlen. Jetzt läßt sich auch die Frage untersuchen, warum ungerade Exponenten in der Zeta-Funktion zu keiner Gesetzmäßigkeit führen: Der Strahl oberhalb der 1^2 enthält nicht nur alle Quadrate, sondern auch alle Potenzen hoch

$$4, 6, 8, 10, 12, \ldots$$

Potenzen mit ungeraden Exponenten sind auf dem Primzahlkreuz nicht linear geordnet, sondern auf den anderen sieben Strahlen verteilt.

Vier dreidimensionale Räume. Interessant ist die einfache Differentiation der Flächenquadratur von x^4

$$(\mathbf{x^4})' = 4 \cdot \mathbf{x^3}$$

Daraus läßt sich folgern, daß das Verlassen der vierten Dimension und das Hinüberwechseln in einen dreidimensionalen Raum aus einem rechtwinkligen Bauplan vier dreidimensionale Räume macht, wobei der Blick in den Raumspiegel lehrt, daß nur einer dieser Räume real im Sinne der materiellen Realisierung als Körper ist. Jeder Körper in diesem dreidimensionalen Erscheinungsraum ist ebenfalls dreidimensional. Indem man bisher aus einem dreidimensionalen Raum durch Vergrößern des Exponenten irgendwie in die Vierdimensionalität gelangen wollte, zeigen wir nun, daß alle solche Versuche zum Scheitern verurteilt sein mußten und daß der vierdimensionale Raum (als Zahlenraum) und der dreidimensionale Raum (als Zahlenraum) durch einen Differentiations- bzw. Integrationsschritt miteinander verbunden sind.

Dreidimensionale Körper sind selbstverständlich nicht nur rechtwinklig wie der vierdimensionale Bauplan, sondern können jede Form besitzen.

Aufgrund der mangelnden Einsicht in das Verhältnis von vierdimensionalem und dreidimensionalem Raum, das hiermit auch rechnerisch, von der Infinitesimalrechnung, zugänglich wird, war es den Kernchemikern bisher nicht möglich, Licht in das Geheimnis der Isotopenregeln zu bringen. Die vierfache Teilbarkeit der Ordnungszahlen der Elemente erweist sich als ein Raumproblem. Der Bauplan der Materie ist vierdimensional. Dann muß die Materie im physikalischen dreidimensionalen Raum von vierfacher geometrischer Art sein.

Die Riemannsche Zeta-Funktion. Im November 1859 veröffentlichte Bernhard Riemann in den Monatsberichten der Berliner Akademie der Wissenschaften[1] seine zahlentheoretische Arbeit "Über die Anzahl der Primzahlen unter einer gegebenen Grösse". Die Publikation sollte eine gewaltige Nachwirkung in der Geschichte der Mathematik ausüben.

Riemann setzte in die Eulersche Zeta-Funktion komplexe Zahlen als Exponenten ein. Indem er die Zeta-Funktion logarithmiert, wandelt er die Produktdarstellung in eine Summe von Primzahlpotenzen um. Durch Umformen erhält er einen Integralzusammenhang mit der Primzahlfunktion $\pi(x)$:

$$\ln \zeta(s) = s \int_1^\infty f(x) x^{-s-1} \, dx$$

$$\text{mit } f(x) = \pi(x) + \frac{1}{2}\pi(x^{\frac{1}{2}}) + \frac{1}{3}\pi(x^{\frac{1}{3}}) + \dots$$

Dabei gibt der Ausdruck $\pi(x^{1/2})$ die Anzahl der Primzahlquadrate und $\pi(x^{1/3})$ die der Primzahlkuben an, usw. Die Theorie der komplexen Funktionen, an deren Entstehung Riemann selbst beteiligt war, erlaubt es nun, für s die komplexen Zahlen $a + ib$ einzusetzen. Während Integrale im reellen Bereich häufig zu schwierigen oder gar keinen Lösungen führen, liefert die Integration komplexer Funktionen oft überraschend einfache Ergebnisse. So konnte Riemann mit Hilfe eleganter Integrationsmethoden die obige Gleichung nach der

---

[1] B. Riemann war im selben Jahr Nachfolger von G. L. Dirichlet geworden, der erst vier Jahre zuvor die Nachfolge von Gauß übernommen hatte.

primzahlzählenden Funktion $f(x)$ komplex auflösen und einen Zusammenhang zum Integrallogarithmus $Li(x)$ herleiten[1]:

$$f(x) = Li(x) + \text{komplexer Anteil}$$

Seine weitere Untersuchung zeigt, daß der Integrallogarithmus nicht nur die Primzahlen, sondern auch die Quadrate, Kuben usw. der Primzahlen unter einer gegebenen Größe berücksichtigt. Aus diesem Grund schlägt Riemann eine Verbesserung vor, die diesen Fehler korrigiert

$$R(x) = Li(x) - \frac{1}{2}Li(x^{\frac{1}{2}}) - \frac{1}{3}Li(x^{\frac{1}{3}}) - \dots$$

Riemanns Überlegungen verhalfen 30 Jahre später Hadamard und de la Valée Poussin über die Lage der komplexen Zahlen, für die die Zeta-Funktion den Wert 0 besitzt, zu jenem Trick, die langgesuchte Lösung für den Primzahlsatz zu finden. Damit sind wir bei der Frage angelangt: Wieso können komplexe Zahlen, also Zahlen mit einem imaginären Anteil, die als reine Erfindung der Mathematiker gelten und scheinbar nichts mit der Realität zu tun haben, zur Lösung eines der tiefsten Probleme in dieser Welt beitragen, der Verteilung der Primzahlen nach der Naturkonstanten $e = 2,71828\dots$?

Die komplexe Zahlenebene. Wir haben bisher noch nicht untersucht, was bei der Umkehrung des Primzahlraumes aus dem Gaußschen Kreuz wird.

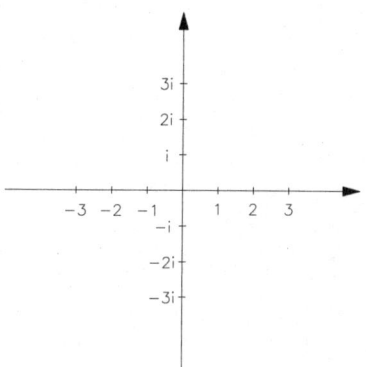

Abbildung 24

---

[1] Bewiesen 1895 durch H. v. Mangoldt.

Ausgehend von dem Gaußschen Kreuz erhält man die komplexe Zahlenebene durch Abtragen der Einheiten 1 und i längs ihrer Ausrichtungen. Die komplexe Ebene besitzt auf der y-Achse imaginäre Einheiten und stimmt dadurch mit dem Descartesschen Koordinatensystem nicht überein. Durch eine Identifizierung, beispielsweise von i mit $(0,1)$, werden beide Systeme üblicherweise in der Mathematik ineinander überführt. Wir werden diesen mathematischen Kunstgriff nunmehr durch eine neue Betrachtungsweise ersetzen.

Der komplexe Raum. Indem wir uns zum Betrachter eines mathematischen Punktes machen, der von einem vierdimensionalen Raum umgeben ist, ziehen wir gedanklich eine Verbindungslinie vom Betrachter zum Punkt. Die Länge dieser Linie ist nicht relevant. Um das weitere Vorgehen verständlicher zu machen, soll nun um den Punkt herum ein Raumspiegel angebracht werden. Der Beobachter befindet sich im realen Teil der vier Spiegelräume. Der vor ihm liegende Raum besitzt bezüglich des Spiegelmittelpunktes eine verblüffende Eigenschaft. Der Beobachter kann in diesen Raum nicht hineinfassen, denn er nähert sich zwar durch das nach vorne Greifen dem Spiegelmittelpunkt, gleichzeitig weicht der vor ihm liegende Raum durch Verkleinern dem Eingriff des Beobachters aus. Für den Beobachter ist der Raum dreidimensional. Es ist vollkommen gleichgültig, wo er sich in diesem Raum befindet oder wohin er sich physikalisch bewegt. Immer wird der Raum zwischen einem Objekt und dem Beobachter als Aufenthaltsraum unerreichbar sein, es sei denn, Objekt und Beobachter besitzen die gleichen Ortskoordinaten. Dann geht es dem Beobachter so wie Narziß, der mit dem Gesicht in die Wasseroberfläche eindringt: er ertrinkt. Wir nehmen dieses merkwürdige Verhalten des vor uns liegenden Raumes mit unseren Sinnesorganen nicht wahr. Denkt man an die Fülle von Gegenständen in einem Zimmer, denen wir uns beim Umherstreifen nähern oder die wir umkreisen, wir wären einfach überfordert.

Mathematisch läßt sich das Problem des "vor uns liegenden Raumes", der sich einem Eindringen entzieht, einfach lösen. Abbildung 25 zeigt ein Koordinatenkreuz um einen Punkt. Im rechten oberen Quadranten soll sich der Betrachter auf der Winkelhalbierenden befinden. Der vor dem Betrachter liegende Raum, bezogen auf den Mittelpunkt, stellt einen von vier Quadranten eines

komplexen Raumes

dar. Die Zeichnung zeigt aus Gründen der Übersichtlichkeit nur eine quadratische Ebene einer Quadratfläche.

Wir unterscheiden zwischen der Fläche innerhalb des umrande-
ten Quadrates und derjenigen außerhalb. Die Fläche um den Ko-
ordinatenursprung ist komplex. Wir wählen als Beispiel den Punkt
$+1$ auf der x-Achse. Um zum Betrachter dieses Punktes zu werden,
müssen wir quadrieren und verlassen dadurch den komplexen Raum
und befinden uns nun an der Stelle $+1^2$. Für die Punkte $+i$, -1
und $-i$ gelten die gleichen Überlegungen, quadriert werden nicht die
Vorzeichen, sondern i und 1. Dadurch ergibt sich aber insgesamt eine
Vertauschung der Vorzeichen auf der y-Achse.

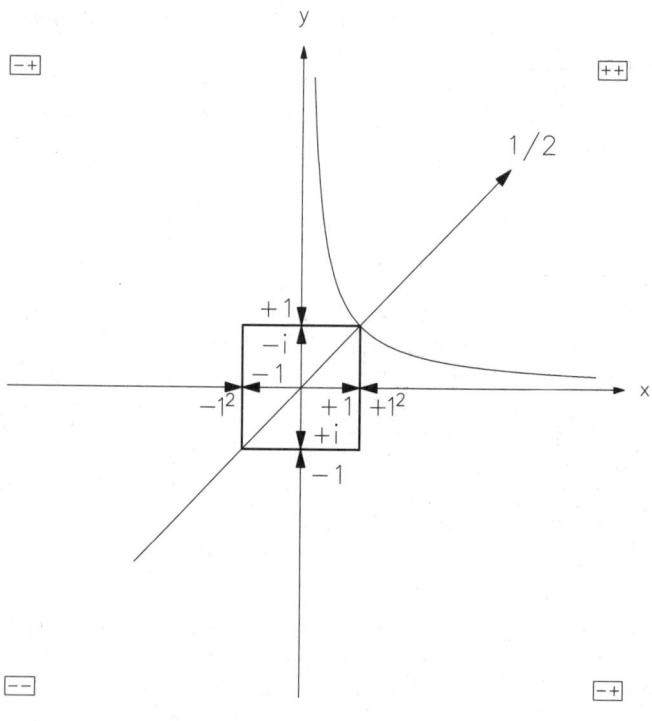

Abbildung 25

Durch diesen Vorzeichenwechsel erhalten wir im ersten Quadranten
sowohl für die x- als auch für die y-Achse positive Zahlen. Durch die
Quadratur ist aus der komplexen Ebene das Descartessche Koordinatenkreuz enstanden. Das komplexe und das Descartessche Koordinatensystem werden vereinigt: eben dies beschreibt den Zusammenhang
zwischen dem dreidimensionalen Anschauungsraum und dem vierdimensionalen Raum "an sich".

"Metaphysik der imaginären Größen". Zu einer echten Verbreitung gelangte die komplexe Zahlenebene erst ab 1831 durch die Abhandlung —*Theoria Residuorum Biquadraticorum, Commentatio Secunda*—, zu der Gauß auch eine Selbstanzeige veröffentlichte. In dieser forderte er dazu auf, Schluß zu machen mit der bloßen Duldung der komplexen Zahlen und der Betrachtungsweise derselben als inhaltsleeres Zeichenspiel. Noch eindrucksvoller wirken die von ihm später verfaßten Worte[1]:

> "Zu einer solchen Zurücksetzung ist aber jetzt kein Grund mehr, nachdem die Metaphysik der imaginären Größen in ihr wahres Licht gesetzt, und nachgewiesen ist, daß diese, eben so gut wie die negativen, ihre reale gegenstandliche Bedeutung haben."

Gauß hat mit der Bezeichnung "reale gegenstandliche Bedeutung" den Nagel auf den Kopf getroffen. Wir wollen dem nichts mehr hinzufügen, sondern möchten lediglich den Ausdruck "gegenstandlich" auf eine allgemein geläufige Eigenschaft der Materie untersuchen. Es ist die Eigenschaft aller Stoffe, daß man sie nur an der Oberfläche berühren kann und daß man nicht in den Raum eindringen kann, den die Substanz selber einnimmt. Selbst wenn man mit einem Gegenstand in einen amorphen Stoff (z.B. Schwefelpulver) oder mit der Hand in Wasser eindringt, der Stoff weicht dem Eindringen aus und umhüllt nur. Für den Beobachter wird somit ein Objekt in einem dreidimensionalen Raum zum Körper mit dreidimensionalen Eigenschaften, den er nur von außen berühren kann, während der Raum innerhalb des Gegenstandes komplex und nicht zugänglich ist.

Logarithmus und Zeta-Funktion. Wir hatten die Frage gestellt, wieso komplexe Zahlen Bernhard Riemann in die Lage versetzten, mit der Funktion $R(x)$ eine Abschätzung für die Primzahlverteilung anzugeben. Die Unendlichkeit von Raum, Zeit und Zahlen existiert in zwei umkehrbaren Vorstellungen: 1. Der vierdimensionale Zahlenraum um das Gaußsche Kreuz und 2. Der dreidimensionale Objektraum, der aus einem komplexen Anteil besteht, den wir Gaußschen Raum nennen, und einem realen physikalischen Raum, den wir als 4P-Raum bezeichnen. Dieser besitzt positive Achsenbemaßungen und ist — nicht direkt wahrnehmbar — mit seinen drei Spiegelräumen verbunden. Da Zahlen mit dem Raum verknüpft sind, mußte die Riemannsche Zeta-Funktion mit Hilfe komplexer Zahlen

---

[1] Gesammelte Werke, Band 10, 1, S. 404.

zu einer funktionentheoretischen Lösung des Verteilungsproblems der Primzahlen führen[1].

Hierzu untersuchen wir die Zeta-Funktion für Werte s größer 1:

$$\zeta(s) = 1^{-s^1} + 2^{-s^1} + 3^{-s^1} + 4^{-s^1} + \dots,$$

und Werte s^{-1} kleiner 1

$$\zeta(s^{-1}) = (1^{-s^{-1}} - 2^{-s^{-1}} + 3^{-s^{-1}} - 4^{-s^{-1}} \pm \dots) \cdot (1 - 2^{1-1/s})^{-1}$$

Während die obere Entwicklung für $s > 1$ konvergiert, würde die untere Reihe ohne alternierende Vorzeichen divergieren. Die zweite Reihe stellt mathematisch die analytische Fortsetzung der Zeta-Funktion von $s > 1$ nach $0 < s < 1$ dar, die eindeutig ist. Warum alternierende Vorzeichen auftreten, scheint seine Ursache darin zu haben, daß reziproke Zahlen durch Zahlen s^{-1} dargestellt werden. Wie sich bei der fortgesetzten Differentiation des Exponenten -1 die Alternierung der Vorzeichen durch die Anwendung der fortgesetzten Leibnizschen Differentiationsregel ergibt, können wir hier vermuten, daß Zeta-Funktion und Logarithmusfunktion über einen Umkehrgedanken miteinander verknüpft sind. Es ist nämlich

$$\ln(1 + x^{-1}) = x^{-1} - \frac{1}{2}x^{-2} + \frac{1}{3}x^{-3} - \frac{1}{4}x^{-4} \pm \dots$$

für $|x^{-1}| < 1$, und die Vertauschung von Basis und Exponenten führt auf

$$1^{-x} - \frac{1}{2}2^{-x} + \frac{1}{3}3^{-x} - \frac{1}{4}4^{-x} \pm \dots =$$

$$1 - \frac{1}{2^{x+1}} + \frac{1}{3^{x+1}} - \frac{1}{4^{x+1}} \pm \dots = \boxed{\zeta(x+1)}\,(1 - 2^{-x})$$

wobei diese Reihe für $0 < x$ konvergent ist.

Zusammenhang der Vermutungen von Fermat und Riemann. Durch die Riemannsche Publikation wurde eine Reihe von Fragen aufgeworfen, die in den späteren Jahren bewiesen wurden.

---

[1] Ende der vierziger Jahre dieses Jahrhunderts gelang es P. Erdös und A. Selberg, den Primzahlsatz auch rein zahlentheoretisch mit Hilfe von Siebmethoden zu beweisen.

Übrig blieb die Frage, ob die nichttrivialen Nullstellen[1] der Zeta-Funktion, wie Riemann das vermutet hatte, alle auf der Achse durch $1/2$ parallel zur imaginären y-Achse liegen, d.h. daß für alle Werte z, die nicht die Gestalt

$$z = \frac{1}{2} + bi$$

besitzen, $\zeta(z)$ ungleich Null ist. Da die Argumente der Zeta-Funktion Exponenten sind, führt der Realteil der Nullstellen auf quadratische Wurzelausdrücke, denn es ist $|\frac{1}{n^z}| = \frac{1}{\sqrt{n}}$, falls z eine Nullstelle der obigen Gestalt ist.

Könnte man die Riemannsche Vermutung beweisen, wäre eine Abschätzung des Approximationsfehlers $\pi(x) - R(x)$ nach oben durch einen Ausdruck der Form $\sqrt{x} \cdot \ln x$ möglich, während bisher nur exponentielle Fehlerabschätzungen bekannt sind. Was immer dadurch gewonnen wäre, sei dahingestellt, viel wichtiger ist die Frage, warum die Riemannsche Vermutung bis heute nicht bewiesen werden konnte. Sie entzieht sich nämlich so wie die Fermatsche Vermutung allen Lösungsversuchen. Die ersten 15 Werte b, für die $\zeta(\frac{1}{2} + bi) = 0$ ist, berechnete J.-P. Gram 1903. Bis 1985 war man mit modernen Computern bei den ersten $1,5$ Milliarden Nullstellen, alle mit Realteil 1/2, angelangt. Trotz der nicht zu übersehenden Parallelität der Schwierigkeiten und der Lösungsversuche bei der Fermatschen und der Riemannschen Vermutung scheint niemals ein Mathematiker auf die Idee gekommen zu sein, daß die beiden Vermutungen etwas miteinander zu tun haben könnten[2]. Die Fermatsche Vermutung erlaubt nur **quadratische Exponenten**. Wir haben sie als Konsequenz aus der Struktur des vierdimensionalen Raumes bewiesen.

Die Umkehrung dieses Raumes müßte auch die Fermatsche Vermutung umkehren und aus ihr eine Behauptung machen, die nicht mit quadratischen Exponenten zu tun hätte, sondern mit **Quadratwurzeln**, die im Grunde hinter der Riemannschen Vermutung stecken.

Doch selbst diese erlösende Erkenntnis führt noch immer nicht zur Antwort auf die Frage: Warum verteilen sich die Primzahlen nach

---

[1] Die trivialen Nullstellen lauten $-2, -4, \ldots$

[2] David Hilbert hat auf die Möglichkeit angesprochen, 100 Jahre nach seinem Tode noch einmal aufzuwachen und eine einzige ihm wichtigste Frage zu stellen, folgendermaßen reagiert: Ist die Riemannsche Vermutung gelöst?

dem natürlichen Logarithmus? Wobei nochmals daran erinnert sei, daß Beweis und Begründung nicht dasselbe sind.

Begründung für die logarithmische Verteilung der Primzahlen. Zur Lösung der Frage, warum die Primzahlen nach dem natürlichen Logarithmus abnehmen, verwenden wir denselben Gedanken wie bei der Auflösung des Eulerschen Binoms im 8. Kapitel (Seite 138 f.). Wir hatten allgemein die Quotienten von geordneten fortlaufenden Zahlen untersucht:

$$\frac{n}{n-1}, \quad n = 2, 3, 4, 5, \ldots$$

und waren dabei zu der Ordnungskonstanten e gelangt.

Erste Umkehrung: Wenn wir den letzten Gedanken umkehren, müssen wir auch die Ordnungskonstante e umkehren. Wir gelangen dabei nicht zu e^{-1}, sondern zum natürlichen Logarithmus. Es müßte also in dem Ausdruck

$$\frac{n-1}{n}$$

der zu Zahlen führt, die kleiner als eins sind, unsichtbar der natürliche Logarithmus verborgen sein. Wir wählen ein Beispiel,

$$\frac{69}{70}$$

Nun zerlegen wir den Nenner in Primfaktoren:

$$70 = 2 \cdot 5 \cdot 7$$

Zweite Umkehrung: Indem wir nun den Bruch 69/70 in einen Partialbruch zerlegen[1], der nur aus den Primfaktoren der Zahl 70 besteht,

$$\frac{69}{70} = \frac{1}{2} + \frac{1}{5} + \frac{2}{7}$$

entdecken wir einen Zusammenhang zwischen dem unsichtbar verborgenen logarithmischen Gedanken und den reziproken Primzahlen,

---

[1] Ein anderes Beispiel lautet: $59/60 = 1/2^2 + 1/3 + 2/5$. Die Nenner eines Partialbruches bestehen nur aus reziproken Primzahlen und Primzahlpotenzen. Dabei sind die Zähler beliebig ganzzahlig, doch stets eindeutig bestimmt. Die Berechnung der Zähler ist für das hier besprochene Problem unerheblich.

aus denen die Nenner bestehen[1]. Wenn aber Summen von reziproken Primzahlen etwas mit dem natürlichen Logarithmus zu tun haben oder wenn, schärfer gefaßt, der Hauptsatz der Zahlentheorie, nämlich die eindeutige Primfaktorzerlegung natürlicher Zahlen, mit der Umkehr der Ordnungskonstanten e, also dem natürlichen Logarithmus, verknüpft ist, dann steht uns auch ein Mittel zur Verfügung, die Frage zu beantworten: Warum verteilen sich die Primzahlen nach dem natürlichen Logarithmus?

Dritte Umkehrung: Wir drehen nunmehr das erzielte Ergebnis gedanklich ein drittes Mal um und stellen fest:

Wenn der natürliche Logarithmus mit der Aufsummierung von reziproken Primzahlen verknüpft ist, müssen umgekehrt die Primzahlen mit den reziproken natürlichen Logarithmen verknüpft sein.

Während die Ordnungskonstante e den Verlauf der natürlichen Zahlen ordnet und durch Kombinatorik aller vorherigen Primzahlen untereinander alle anderen Zahlen entstehen, muß der logarithmische Gedanke nicht zu Produkten führen, sondern zu Summen, und zwar von reziproken Zahlen. Diese Zahlen müssen, da der Hauptsatz der Zahlentheorie erhalten bleibt, Primzahlen sein.

Die Infinitesimalrechnung als Primzahlproblem. Wenden wir uns noch einmal den beiden Ordnungen 70/69 und 69/70 zu. Es lassen sich die Verhältnisse (Quotienten) fortlaufender Zahlen als eine Ordnung von Zahlen betrachten, bei denen Zähler und Nenner um ± 1 verschieden sind. Dieser Gesichtspunkt führt zu einer ganz neuen Betrachtungsweise der Differential- und Integralrechnung sowie ihrer Verknüpfung mit den Primzahlen. Die Umkehrung der Primzahlverteilung

$$\frac{x}{\ln x}$$

durch die Substitution von x durch e^x liefert (als vierte Umkehrung!)

$$\frac{e^x}{x}$$

Auch wenn es ungewohnt ist, mit sehr großen Zahlen zu rechnen, steht fest, daß zum Beispiel die Reihe der Zahlen bis e^{100} einen Anteil von

---

[1] Dieser mittlere Schritt der Beweisführung verdankt seine Entdeckung einem Nachschlagen nach irgendeinem Stichwort im "Brockhaus", bei dem der Blick "zufällig" auf einen Partialbruch fiel!

Primzahlen besitzt, der ungefähr

$$\frac{e^{100}}{100}$$

beträgt. Eine Folge der Ordnung

$$\frac{e^{100}}{100}, \frac{e^{101}}{101}, \frac{e^{102}}{102}, \frac{e^{103}}{103}, \cdots$$

liefert sofort die monoton steigende Anzahl der Primzahlen, wobei die relative Anzahl abnimmt. Diese Folge liefert die Verteilung der Primzahlen gerade nach dem Gesetz, das Leibniz als Geheimnis der Integrationsrechenregel herausfand. In der Folge werden nämlich fortlaufend Exponenten um 1 vergrößert und durch den neuen, vergrößerten Exponenten geteilt. Damit ist die einzige Zahl, die die Ordnung der natürlichen Zahlen garantiert (e), selber auch die Zahl, die die Menge derjenigen Primzahlen ordnet, deren Multiplikation miteinander zu der Menge der natürlichen Zahlen unterhalb von e^x führt.

Das Leibnizsche Integrationsverfahren gilt für Funktionen und normalerweise nicht für zahlentheoretische Funktionen. Wir zeigen nun, daß der Fundierungszusammenhang genau umgekehrt ist: daß die zahlentheoretische Bedeutung von e^x erst die Infinitesimalrechnung begründet oder verständlich macht. Wir erinnern daran, daß die Funktion e^x, differenziert oder integriert, unverändert bleibt. Weil aber der Rechenschritt

$$\frac{e^{x+1}}{x+1}$$

Primzahlen zählt — eine zahlentheoretische Funktion, die bisher nicht erklärt werden konnte —, existiert die Integralrechnung in der Form, wie Leibniz und Newton sie zunächst bloß als Rechenverfahren einführten. Q.e.d.

2. Integralrechnung und dreidimensionaler Raum

Das Unendliche für die endliche Erkenntnis. Der ungeheure Aufwand, der seinerzeit nötig war, den Kritikern das unendlich Kleine akzeptabel zu machen, lenkte von der eigentlichen Ungeheuerlichkeit ab, daß mit einem simplen rechnerischen Schritt das unendlich Kleine technisch beherrschbar wurde. Wieviel aufgeweckte Schüler an den Oberstufen der Gymnasien mußten diesen Rechenschritt ratlos akzeptieren!

Aus dieser neuen Sichtweise heraus läßt sich auch die Frage erhellen, warum es den Mathematikern verschlossen bleibt, eine Formel zur Bestimmung der Primzahlen zu gewinnen. Der vierdimensionale Raum um einen Punkt ordnet nach der Struktur des Primzahlkreuzes alle unendlich vielen Primzahlen. Damit wird das Problem des Erkennens von Primzahlen zu einem Unendlichkeitsproblem. Aus der Endlichkeit unserer Erkenntnis ziehen wir nun die Folgerung, daß wir eine Formel zur Auffindung von Primzahlen für ausgeschlossen halten. Dagegen ist es Kennzeichen der Unendlichkeit unserer Erkenntnis, daß wir das Gesetz der logarithmischen Primzahlverteilung begründen, das heißt in seiner Notwendigkeit begreifen konnten. Diese begriffene Notwendigkeit ist gleichbedeutend mit qualitativer Unendlichkeit.

Das sogenannte unendlich Große ist eine vom reinen Unendlichkeits-Gedanken geleitete Projektion unseres dreidimensionalen Anschauungsvermögens, die in die von Kant schon erkannten Antinomien führt. Zur Auflösung dieser Antinomien bedarf es der Einsicht, daß reiner Unendlichkeits-Gedanke und dreidimensionale Raumvorstellung streng voneinander unterschieden werden müssen. Dann wird klar, daß ein dreidimensionaler Raum nicht unendlich groß sein kann und ein vierdimensionaler Raum in Umkehrung dazu das unendlich Kleine verbietet. Das unendlich Kleine zeigt sich im dreidimensionalen Raum nicht in dinglicher Form, sondern in Form einer qualitativen Unendlichkeit: als mathematische Gesetzmäßigkeit eines Verlaufs, als unendlich genaue Erfassung des Gekrümmten. Zwar ist alles Gekrümmte als Materielles ein endliches Seiendes, doch ist das Gesetz der Krümmung unendlich genau erfaßbar. Die Mühen, die auf den Limes-Begriff verwendet wurden, münden in die Einsicht von Unendlichkeit als Dreifaltigkeit von Raum, Zeit und Zahlen.

Die ganzen Zahlen, die zum Gedanken des unendlich Großen führen, liefern in ihrer Umkehrung nicht nur das unendlich Kleine, sondern auch die reziproken Zahlen. Für das unendlich Kleine steht uns aber die Infinitesimalrechnung als Werkzeug zur Verfügung. Sie hat vor 300 Jahren dazu verholfen, das Gekrümmte zu berechnen. Die reziproken Zahlen erlauben, wie Gauß schon vermutete, wenigstens die gesetzmäßige Verteilung der Primzahlen zu beweisen. Die Frage nach dem Warum ließ sich aber erst dadurch klären, daß wir die tiefen Gesetzmäßigkeiten der Infinitesimalrechnung selber auf Primzahlen zurückgeführt haben.

Aus diesen Zusammenhängen heraus läßt sich aber die Physik der stoffgefüllten Räume erst wirklich begreifen. Die drei Verteilungsgesetze nach Gauß, Boltzmann und Maxwell beziehen ihre Existenz nicht aus der Statistik heraus, sondern einzig und allein aus der Struktur des Raumes und damit aus der Verteilung der Primzahlen. Hintergrund der statistischen Grundgesetze selbst ist die Primzahlverteilung.

Das Summieren geordneter Potenzzahlen. Nachdem wir das Wesen von Differential- und Integralrechnung aus der Exponentenordnung abgeleitet haben, wollen wir die Summation und reziproke Summation von Zahlenordnungen untersuchen. Wir hatten in Kapitel 4 bei der Summierung von fortlaufenden Zahlen festgestellt, daß die letzte Zahl zur Hälfte dem darauffolgenden Partner zugerechnet werden muß. Beispielsweise beträgt die Summe der fortlaufenden Zahlen 1 bis 10 exakt 50, wenn die letzte Zahl 10 zur einen Hälfte der 9 und zur anderen der darauffolgenden 11 zugeteilt wird. Wir deuten nun diese Art des Summierens als Integrationsschritt und schreiben

$$\int 10 = \frac{10^2}{2} = 50$$

Wir erinnern daran, daß das Integralzeichen von dem Buchstaben "S" abgeleitet ist und bei Leibniz die Bedeutung "Summe" besitzt. Wenden wir diese Integrationsmethode auf die Quadrate der fortlaufenden (geordneten) Zahlen an, ergibt sich für die Summe der Quadrate von 1 bis 10 nicht 385, sondern

$$\int 10^2 = \frac{10^3}{3} = 333,33\ldots$$

Gehen wir von dem Gedanken aus, daß die letzte Zahl der Potenzreihe 10^2 anteilsmäßig der 9^2 und der 11^2 (als der in der Reihe folgenden Quadratzahl) zuzuordnen ist, erhalten wir aber

$$385 - 50 = 335$$

Wie erklärt sich die Differenz von $1,66\ldots$ zwischen $333,33\ldots$ und 335? Sie läßt sich folgendermaßen erklären: Während der Abstand zwischen 10 und 9 sowie zwischen 10 und 11 gleich ist, ist der Abstand zwischen $9^2 = 81$ und 100 kleiner als der Abstand zwischen $11^2 = 121$ und 100. Der Unterschied beträgt 2. Diese Differenz ergibt genau dann den Wert der zur Frage stehenden Differenz zwischen 335 und $333,33\ldots$, nämlich $1,666\ldots$, wenn sie im Verhältnis 10 : 6 aufgeteilt wird.

Die Zahl 385, die bei dem normalen Summationsverfahren herauskäme, läßt sich somit zerlegen in die Summe

$$\frac{1000}{3} + \frac{100}{2} + \frac{10}{2 \cdot 3} = 385$$

Wenn wir geordnete Summen mit höheren Exponenten

$$1^n + 2^n + 3^n + 4^n \ldots$$

jedoch richtig ausrechnen wollen, muß die gerechte Aufteilung des letzten Potenzsummanden beachtet werden, worüber bisher nicht nachgedacht worden ist. Allerdings würde diese Aufteilung bei wachsender Potenzzahl immer komplizierter. Wir wollen das Potenzsummenproblem allgemein behandeln, so wie Jacob Bernoulli dies 1713 durchführte.

Die Bernoulli-Zahlen. Jede Summe der p-ten Potenzen (p eine positive ganze Zahl) der ersten n fortlaufenden Zahlen läßt sich durch einen binomischen Ausdruck darstellen:

$$0^p + 1^p + 2^p + 3^p + \ldots + n^p = \frac{(n + B)^{p+1} - B^{p+1}}{p + 1}$$

Hierbei werden die Potenzen der rechten Seite nach dem Binomischen Lehrsatz wie folgt ausgerechnet:

$$(n + B)^{p+1} =$$

$$n^{p+1} + \binom{p+1}{1} n^p B_1 + \binom{p+1}{2} n^{p-1} B_2 + \ldots + \binom{p+1}{p} n^1 B_p + B_{p+1}$$

Die Ausdrücke $B_1, B_2, \ldots, B_{p+1}$ stellen die ersten $p + 1$ Bernoulli-Zahlen dar. So sehr auch die Beweisführung Bernoullis als eine mathematische Glanzleistung anzusehen ist, hat sie dennoch von dem Problem abgelenkt, daß der Ausdruck

$$\frac{(n + B)^{p+1} - B^{p+1}}{p + 1}$$

gerade der Rechenschritt ist, den Leibniz beim Integrieren einführte, nämlich den Exponenten um 1 zu erweitern und durch den neuen Exponenten zu teilen. In der Integralschreibweise lautet der Ausdruck also

$$\int_0^n (x + B)^p \, dx = \frac{(n + B)^{p+1} - (0 + B)^{p+1}}{p + 1}$$

Wir haben im vorangegangenen Kapitel gezeigt, daß die Binomial-Koeffizienten Zeile für Zeile zu Ordnungen von e (Gauß-Verteilung) führen. Umgekehrt führen die Bernoulli-Zahlen, geordnet durch die Folge der fortlaufenden Potenzen, zu

$$1 + \frac{B_1}{1!}x + \frac{B_2}{2!}x^2 + \frac{B_3}{3!}x^3 + \ldots = \frac{x}{e^x - 1}$$

Der Ausdruck

$$\frac{x}{e^x - 1}$$

ist die Umkehrung der primzahlzählenden Funktion e^x/x (ohne das Glied -1). Dann müssen aber das Potenzsummenproblem und natürlich auch die Bernoulli-Zahlen ein reines Primzahlproblem sein.

Bernoulli-Zahlen und Primzahlordnung. Die Folge der Bernoulli-Zahlen lautet[1]

$$-\frac{1}{2}, \frac{1}{6}, -\frac{1}{30}, \frac{1}{42}, -\frac{1}{30}, \frac{5}{66}, -\frac{691}{2730}, \frac{7}{6}, -\frac{3617}{510}, \frac{43867}{798}, \ldots$$

Zähler und Nenner der Bernoulli-Zahlen werden zwar sehr schnell größer, jedoch treten solche Schwankungen bzw. Unregelmäßigkeiten auf, daß keine Ordnung vermutet wird. Auf der einen Seite stellen die Bernoulli-Zahlen einen solchen nicht wegzudenkenden Grundgedanken der gesamten Mathematik dar, daß sie geradezu die Frage herausfordern: Was sind das für seltsam schwankende rationale Zahlen? Auf der anderen Seite gestaltet sich ihre Ausrechnung so einfach und elementar, daß die Rechenkunst wieder einmal die Frage nach dem Warum verhindert hat.

Wir nehmen eine Faktorzerlegung der Nenner der ersten Bernoulli-Zahlen vor. Die Tabelle 6 zeigt: Die Folge der geraden Indizes der Bernoulli-Zahlen enthält immer dann, wenn der Index plus eins primzahlig ist, diese Primzahl als größten Primfaktor.

Damit wird das Leibnizsche Integrationsverfahren, den Exponenten um eins zu vergrößern und durch den vergrößerten Exponenten zu teilen, bei geordneten Potenzen zum primzahlzählenden Schritt. Es ist der Index $2n + 1$ genau dann eine Primzahl, wenn der Nenner der Bernoulli-Zahl B_{2n} ohne Rest durch $2n + 1$ teilbar ist.

Diese Aussage bestätigt unsere Überlegungen zum Problem des Nagelbrettes im Kapitel 8. So wie Kugeln durch die Zweierentscheidungen geordnet werden, so werden durch Binome nicht nur Zahlen,

---

[1] Hierbei werden nur die von Null verschiedenen Bernoulli-Zahlen aufgeführt. Es ist $B_{2j+1} = 0$ für alle $j = 1, 2, 3, \ldots$

sondern auch die Potenzen der Zahlen geordnet. Dabei treten die Bernoulli-Zahlen als Ordnungskoeffizienten auf[1].

Der Hauptsatz der Zahlentheorie ordnet indirekt die Fülle der Produkte von Primzahlen dadurch, daß genau nacheinander immer höhere Primfaktoren auftreten. Beispielsweise ist $25 = 5 \cdot 5$, $35 = 5 \cdot 7$, $55 = 5 \cdot 11$, $65 = 5 \cdot 13$.

$n+1$	Nenner	von B_n	p
2 :	2	$= 2$	2
3 :	6	$= 2 \cdot 3$	3
5 :	30	$= 2 \cdot 3 \cdot 5$	5
7 :	42	$= 2 \cdot 3 \cdot 7$	7
9 :	30	$= 2 \cdot 3 \cdot 5$	
11 :	66	$= 2 \cdot 3 \cdot 11$	11
13 :	2730	$= 2 \cdot 3 \cdot 5 \cdot 7 \cdot 13$	13
15 :	6	$= 2 \cdot 3$	
17 :	510	$= 2 \cdot 3 \cdot 5 \cdot 17$	17
19 :	798	$= 2 \cdot 3 \cdot 7 \cdot 19$	19
21 :	330	$= 2 \cdot 3 \cdot 5 \cdot 11$	
23 :	138	$= 2 \cdot 3 \cdot 23$	23
25 :	2730	$= 2 \cdot 3 \cdot 5 \cdot 7 \cdot 13$	
27 :	6	$= 2 \cdot 3$	
29 :	870	$= 2 \cdot 3 \cdot 5 \cdot 29$	29
31 :	14322	$= 2 \cdot 3 \cdot 7 \cdot 11 \cdot 23 \cdot 31$	31
33 :	510	$= 2 \cdot 3 \cdot 5 \cdot 17$	
35 :	6	$= 2 \cdot 3$	
37 :	1919190	$= 2 \cdot 3 \cdot 5 \cdot 7 \cdot 13 \cdot 19 \cdot 37$	37

Tabelle 6

Für geordnete Potenzen muß sich dieser Hauptsatz der Zahlentheorie mit Hilfe der Bernoulli-Zahlen wiederfinden. Stehen entsprechend viele Bernoulli-Zahlen zur Verfügung, läßt sich die Frage der Primzahligkeit eines beliebig großen Exponenten durch einen einzigen Rechenschritt überprüfen. Die Bernoulli-Zahlen werden zum Erkenntnismittel der primzahlcodierten Ordnung der Natur. So läßt

---

[1] 1840 hat K. G. C. von Staudt gezeigt, daß sich die Bernoulli-Zahlen B_{2k} bis auf ganzzahlige Konstanten als Summe von reziproken Primzahlen darstellen lassen. Dabei erstreckt sich die Summation über alle diejenigen Primzahlen p, die um eins vermindert den Index $2k$ teilen.

sich etwa die Physik der Zweierstöße von Gasatomen, z. B. die Akustik bis hinein in die Klangdimensionen der Musik, nur aus der Ordnung der Primzahlen und ihrer Verknüpfung mit Raum und Zeit verstehen.

Zahlentheorie und Musik. Pythagoras erfaßte den Zusammenhang zwischen dem Schwingen der Saiten von Musikinstrumenten und dem Verhältnis ganzer Zahlen. Euler ging mit seiner Theorie vom "Grad der Annehmlichkeit" noch einen Schritt weiter, indem er die Primfaktorzerlegung in seine mathematische Musiktheorie einbaute. Die wirklich fundamentale Frage der musikalischen Akustik ist aber eine ganz andere und wurde bezeichnenderweise bis heute völlig unterschlagen: Wenn die Fülle der Tonschwingungen das Instrument verläßt, muß die Information vom gasgefüllten Raum weitergeleitet werden. Die Verdichtungen und Verdünnungen des Gasmediums (Longitudinalwellen) stellen aber, nach der heutigen Theorie, nichts anderes als eine unerhörte Fülle von Zusammenstößen von jeweils zwei Gasatomen, also von dualen Ereignissen, dar. Interpretiert man diese Fülle von Ereignissen als bloßes Zufallsgeschehen, ist man niemals in der Lage, das Ausmaß der Perfektion der tatsächlichen Informationsübertragung (Tonhöhe, Tonstärke, Tonfärbung usw.) zu erklären[1].

Zur Lösung des Problemes benutzen wir einen Vergleich: Dieses Buch bestand ursprünglich aus gedanklichem Sinn und dessen sprachlicher Verkörperung in Worten, Sätzen usw. Um die Informationen (den Sinn) in diesen Blocksatz zu verwandeln, den der Leser vor sich sieht, haben wir die Sätze und ihre Buchstaben mit Hilfe eines Computers rechnerisch in duale Elemente zerlegt. Was auf dem Bildschirm und letztlich auf der Buchseite an Buchstaben erscheint, verdankt sich einem (von Leibniz entdeckten) dualen Rechensystem.

---

[1] 1993 konnte ich aus der primzahlcodierten, fraktalen geometrischen Struktur im Pascalschen Dreieck (Sierpinski-Dreiecke) die Lösung für den Transport von akustischen Signalen in gasgefüllten dreidimensionalen Räumen finden. Die Grundstruktur dieser Dreiecke ist achtzeilig. (Im vierdimensionalen Primzahlraum verlaufen die Primzahlen auf acht Strahlen.) Die fraktale Geometrie hat ihre Gründe in den Zahlen **eins**, **zwei**, **drei** und in der Tatsache, daß die zwei eine gerade Primzahl ist. Die Zahlen zwei und drei gehorchen nicht dem Primzahltakt $6n \pm 1$. Diese neue Betrachtungsweise ermöglicht in der Musiktheorie einen direkten Zugang zur Oktave, Quinte und Quarte.

Etwas Vergleichbares geschieht mit dem Klang auf dem Weg von der erzeugenden Saite bis zum Ohr, wo die dualen Ereignisse aufeinanderprallender Gasmoleküle wieder in Schwingungen des Trommelfelles zurückverwandelt werden. Wir müssen die oberflächliche Betrachtungsweise durchbrechen, wonach die Schwingung der Saite sich gewissermaßen als Raumschwingung fortsetzt, als sei die Luft ein einheitlicher Stoff wie die Saite. Entscheidend ist, daß die Schwingung in ein duales System aufgelöst wird und dieser Vorgang ein mathematisches Problem darstellt. Die Weiterleitung geschieht über die einzige Ordnung, die es überhaupt in den Zahlen gibt: die Primzahlordnung.

Die Primzahlordnung des dreidimensionalen Raumes. Der Blick auf die in Primfaktoren zerlegten Nenner der Bernoulli-Zahlen (Tabelle 6) liefert die Primzahlordnung

$$2, 3, 5, 7, 11, 13 \ldots$$

Diese Primzahlordnung ist nun gerade mit jener identisch, welche die Mathematiker von alters her gewohnt sind. Als wir in Band I eine Primzahlordnung des vierdimensionalen Raumes von der Ordnung

$$1, 5, 7, 11, 13 \ldots$$

eingeführt haben, werden viele Mathematiker Schwierigkeiten gehabt haben, diese Neuerung nachzuvollziehen.

Wir bestanden damals nicht auf einer Umdefinition des Primzahlbegriffs, weil sich nun herausstellt, daß der Primzahlbegriff je nach der Zuordnung zum drei- oder vierdimensionalen Raum ein anderer ist: bei dem Primzahlraum sind es die fortlaufenden Zahlen als solche, deren Primzahltakt durch die zyklische Anordnung sichtbar wird. Dagegen geht es im dreidimensionalen Raum um reziproke Zahlen und die Verknüpfung geordneter Zahlen mit Exponenten. Die Primzahlordnung der Exponenten spiegelt sich aber in der Primfaktorzerlegung der Nenner der Bernoulli-Zahlen wider.

Die von den Mathematikern bisher benutzte Primzahlfolge ist deshalb dem dreidimensionalen Raum und nur ihm zugeordnet, weil der Leibnizsche Integrationsschritt eine Exponentenordnung regelt. Dreidimensionaler und vierdimensionaler Raum sind durch einen Integrations- bzw. Differentiationsschritt miteinander verknüpft. So gesehen, haben die Mathematiker gerade die Primzahlordnung des Raumes entdeckt, in dem sie vorstellungsmäßig leben. Dieser Raum ist stoffgefüllt.

Dualsystem und Dezimalsystem. Im Zeitalter der Computertechnik kommt dem dualen Rechensystem eine überragende Bedeutung zu. Da wir gezeigt haben, daß sowohl der vierdimensionale als auch der dreidimensionale Raum im Dezimalsystem angelegt sind und ein anderer Raum nicht möglich ist, haben wir nun allen Anlaß zu der Frage, wie sich duales und dezimales System zueinander verhalten.

Das dezimale System bezieht seine Notwendigkeit letztlich aus der Strukturiertheit der 1. Der erste Zahlenzwilling um die Zahl 0 lautet -1 und $+1$. Die Differenz dieser beiden Zahlen beträgt 2. In Kapitel 4 wurde über die Additions- und Subtraktionsregel die Naturkonstante

$$\pm\frac{1}{2}$$

abgeleitet. Da es in einem dualen System nur zwei Entscheidungsmöglichkeiten gibt, basiert dieses ebenfalls, wie das Pascalsche Dreieck zeigt, auf der Konstanten $1/2 = 0,5$ bzw. 2 oder $\ln 2$. Duales System und Dezimalsystem sind somit über die Zahl 2 miteinander verbunden. Die Entscheidungszahl 2 des Nagelbrettes findet sich in den Abständen zwischen den gespiegelten Gliedern des Quadropols der Zahl 1^2 wieder: Was im Dualsystem die Grundzahl ist, bildet die Strukturzahl für die Geometrie des Dezimalsystems.

Während wir selbst im Dezimalsystem rechnen, lassen wir die heutigen Rechenmaschinen für uns im Dualsystem arbeiten. Wir erkennen darin eine Parallele zur Natur: Während die elektromagnetischen Wellen durch einen dezimalen Zahlenraum in ihrer Struktur bestimmt sind, gehorcht die Informationsübermittlung durch Stoffe einem dualen System. Der elektrische Strom, mit dem Rechner betrieben werden, stellt nämlich auch nichts anderes dar als ein "Elektronengas".

Die Ordnung ganzer und reziproker Zahlen. Wir zeigen nun allgemein, daß die Summierung ganzer Zahlen, die jener fortlaufenden Ordnung 0, 1, 2, 3, 4, ... gehorchen, ein Integrationsproblem ist. Führen wir die Summation der ersten n Zahlen durch, beginnend mit der 0, erhalten wir

$$0 + 1 + 2 + 3 + \ldots + (n-2) + (n-1) = \frac{n^2}{2} - \frac{n}{2}$$

Wir haben diesen Vorgang als Integrationsschritt gedeutet, nämlich als Integration n linear geordneter Zahlen,

$$\int n = \frac{n^2}{2}$$

wobei das Korrekturglied $-n/2$ bei diesem Vorgehen zu addieren ist. Allgemein bedeutet dies, daß die lineare Summation bis auf ein negatives Korrekturglied der letzten Zahl eine Integration ist. Die weitere Frage lautet: Tritt dieses Korrekturproblem bei der Summation reziproker Zahlen ebenfalls auf?

Eine Konstante von unbekannter Bedeutung. Die Integralrechnung kennt eine solche Konstante, sie wird als Euler-Mascheroni-Konstante C bezeichnet. Der Wert der Konstanten war ursprünglich von Euler durch eine Flächenbetrachtung berechnet worden, die die Konstante C als Differenz der Hyperbelfläche zu der darüberliegenden ganzzahligen Treppenfunktion liefert:

$$C = \lim_{n \to \infty} \left(\frac{1}{1} + \frac{1}{2} + \frac{1}{3} + \ldots + \frac{1}{n} - \ln n \right) = 0,5772156649\ldots$$

Über diese Konstante ist nichts bekannt. Man weiß nicht, ob sie irrational oder transzendent ist. Anders als den mathematischen Konstanten e und π, fehlt ihr scheinbar jegliche spektakuläre Bedeutung. Wir werden zeigen, daß ihre Rolle fundamental ist, daß durch ihre Ableitung als Flächendifferenz vollkommen verschleiert wird, von welcher Ungeheuerlichkeit ihre Existenz und ihre Wirkung in dieser Welt sind.

Wir erhalten für die fortgesetzte Summation von ganzen Zahlen auf den Schalen des Primzahlkreuzes und für die fortgesetzte Summation der reziproken Zahlen zwei Reihen[1]:

$$\int \mathbf{n^1} - (\mathbf{1^1} + \mathbf{2^1} + \mathbf{3^1} + \ldots + \mathbf{n^1}) = -\frac{\mathbf{n}}{\mathbf{2}}$$

$$\lim_{\mathbf{n \to \infty}} \int \mathbf{n^{-1}} - (\mathbf{1^{-1}} + \mathbf{2^{-1}} + \mathbf{3^{-1}} + \ldots + \mathbf{n^{-1}}) = -\mathbf{C}$$

Auf den ersten Blick ist es verwunderlich, daß im Gegensatz zur Addition von geordneten ganzen Zahlen die Addition von geordneten reziproken Zahlen einen einzigen Wert liefert, der mit immer größeren Zahlen genauer angenähert wird.

In beiden Reihen treten die Korrekturglieder mit negativem Vorzeichen auf, was von großer Tragweite ist, wie wir sehen werden.

---

[1] Für $\ln n = \int n^{-1}$.

Die Integrationsregel für Exponenten ganzer Zahlen versagt für den Exponenten -1, da dieser nur als Spiegelbild der Zahl 1 existiert. Die Anschaulichkeit der nun folgenden Untersuchung ist stark eingeschränkt, da der Begriff der Unterschale bei der Untersuchung von x-Potenzen statt ganzer Zahlen gedanklich umgekehrt werden müßte. Wir hatten gezeigt, daß die Ordnung der ganzen Zahlen zu e und die fortgesetzte Integration der Eins zu e^x führt. Als Umkehrung folgte, daß der $\ln x$ als Spiegelung der Funktion e^x das Integral über $1/x = x^{-1}$ ist. Wir wollen die Exponentialfunktion e^x zu ihrer Spiegelfunktion $\ln x$ in Beziehung setzen, indem wir das Verhältnis

$$\frac{\ln x}{e^x}$$

untersuchen. Dieses Verhältnis ergibt einen charakteristischen Wert, wenn wir integrieren:

$$\int_0^\infty \frac{\ln x}{e^x}\, dx = -C$$

Dieser Ausdruck stellt erneut die Euler-Mascheroni-Konstante dar, wobei das negative Vorzeichen wiederum wichtig ist. Es muß betont werden, daß die Mathematiker nicht wissen, warum bei diesem Integral die negative Euler-Mascheroni-Konstante erscheint. Man kann das nur beweisen.

Die Ordnung fortlaufender Faktoren. Obgleich wir vermuten, daß die Euler-Mascheroni-Konstante neben ihrem mathematischen Charakter auch eine physikalische Naturkonstante ist, bleiben wir zunächst bei ihrer mathematischen Seite und bei der Frage, warum das Integral

$$\int_0^\infty \frac{\ln x}{e^x}\, dx$$

die Lösung $-C$ besitzt. Die Reihenentwicklung von e^x führt zu zwei Rechenoperationen. Einmal zur Vergrößerung der reziproken Fakultäten, sodann zur Vergrößerung der Potenzen von x^n. Beim Ordnen auf dem Primzahlkreuz gelangen wir an der Stelle n zu dem Verhältnis

$$\frac{1}{n!}$$

Die Umkehrung dieses Gedankens hingegen stellt den Ausdruck

$$\frac{n!}{1}$$

dar. In der Tat läßt sich $n!$ ausdrücken als

$$n! = \int_0^\infty \frac{x^n}{e^x}\, dx$$

Im Integranden x^n/e^x stellt e^x die Gesamtordnung aller Potenzen x^0, x^1, x^2, ... des Primzahlkreuzes dar, während der Zähler eine einzelne Funktion dieser Ordnung ist. Während wir bisher nur die Ordnung der Zahlen auf dem Primzahlkreuz untersucht haben, müssen wir jetzt eine Ordnung multiplikativer Art ins Auge fassen. Denn das Produkt aus den Zahlen

$$1 \cdot 2 \cdot 3 \cdot 4 \cdot \ldots \cdot n = n!$$

ist ja selbst eine Ordnung, auch wenn die Reihenfolge der Faktoren normalerweise in Produkten nicht von Belang ist[1]. Um nun wieder zur negativen Euler-Mascheroni-Konstanten zu gelangen, betrachten wir die interpolierende Fakultäten-Funktion, die von Euler so benannte Gamma-Funktion[2]:

$$\Gamma(z) = \int_0^\infty \frac{x^{z-1}}{e^x}\, dx$$

---

[1] $n/n!$ für $n = 1, 2, 3, 4, \cdots$ liefert bei der Aufsummierung e^x. Dieser Ausdruck ist primzahlzählend. Weil die Zahlen auf dem Primzahlkreuz geordnet sind, lag es auf der Hand, das Verhältnis $n!/n = (n-1)!$ auf seine Primzahlcodierung zu untersuchen. Denn nach dem Satz von Wilson gilt:

$$n \,|\, ((n-1)! + 1) \iff n \text{ prim}$$

Der Satz von Wilson ist der einzige mathematische Satz, der nur für Primzahlen gilt. 1994 gelang es herauszufinden, warum der Satz von Wilson existieren muß und er der zentrale Satz der Mathematik überhaupt ist. So wie sich die Zahl e als primzahlzählend erwiesen hat, liefert die Umkehrung des Gedankens eine Aussage darüber, warum eine bestimmte Fakultät um 1 vermehrt primzahlcodiert ist. Damit wird im Buch "Das Primzahlkreuz" Band III bewiesen, daß die Welt nur über das Primzahlkreuz begriffen werden kann.

[2] Die Gammafunktion ist hier dargestellt als Laplace-Integral. Zusammen mit der Fourier-Transformation bildet es einen Grundpfeiler der mathematischen Physik.

Dabei ist $\Gamma(n) = (n-1)!$. Die Funktion $y = x! = \Gamma(x+1)$ verläuft, ebenso wie $y = e^x$, nicht durch den Nullpunkt des Koordinatenkreuzes, sondern schneidet die y-Achse an der Stelle 1. Der Verlauf ist merkwürdig. An der Stelle 0! für $z = 1$ beträgt die Ableitung (wegen $d/dz\{x^{z-1}\} = \ln x \cdot x^{z-1}$ für $z = 1$)

$$\Gamma'(1) = \int_0^\infty \frac{\ln x}{e^x}\, dx = -C$$

An der Stelle $x = 0$ besitzt die Steigung der Fakultäten-Funktion $x!$ den Wert $-0,57721566\ldots$, d.h. die Funktion ist dort monoton fallend, während sie für alle $x \geq 1$ monoton steigt.

Die Lichtgeschwindigkeit $c = 3$ ist quadratisch. Wir wollen nun die Frage nach der physikalischen Bedeutung dieser negativen Euler-Mascheroni-Konstanten mit dem Zahlenwert

$$-C = -0,5772\ldots$$

stellen. Wir vermuten, daß diese Konstante im Reziproken Zahlenraum eine Ausdehnungskonstante darstellt. Denn mit immer größeren Zahlen werden ihre Reziproken kleiner, und damit wird die Konstante immer genauer erfüllt. Im Primzahlkreuz ist die Ausbreitungskonstante rein quadratisch und beträgt

$$3 \cdot 1^2 \cdot 10^{2n}$$

Wenn aber die Vergrößerung nur über quadratische Glieder läuft, muß auch die Zahl 3 selber quadratischer Art sein. Statt 3 dürfen wir schreiben

$$\left(\sqrt{3}\right)^2 = (-1,73205080\ldots)^2$$

Wenn die Zahl

$$3$$

der Faktor einer quadratischen Ausbreitung ist, muß der Wurzelausdruck

$$-1,732\ldots$$

mathematisch ein linearer Faktor sein. Er muß negativ sein, denn die Zahl 1^2, die als Faktor der 3 zugehört, ist mathematisch

$$(-1)^4$$

Vergleich der zwei Raum-Konstanten c und C. Der reziproke Wert dieser Vergrößerungskonstanten $-1,732\ldots$ ist mathematisch eine Abnahme:

$$\frac{1}{-1,732\ldots}$$

Gleichzeitig besitzt eine solche reziproke Abnahme-Konstante ein Minuszeichen. Wir vergleichen diesen Wert mit dem reziproken Wert der Euler-Mascheroni Konstanten (auf vier Stellen genau) und erkennen zugleich, wie wichtig es ist, daß diese Konstante negativ ist:

$$\frac{1}{-0,57721566\ldots} = -1,732\ldots$$

Die Übereinstimmung der reziproken Konstanten C mit der Quadratwurzel der Lichtgeschwindigkeits-Konstanten Wurzel aus c ist höchst erstaunlich und veranlaßt uns zu einer vierten fundamentalen Feststellung:

> Die reziproke negative Euler-Mascheroni-Konstante stimmt mit der negativen linearen Abnahmekonstanten des Primzahlkreuzes auf vier Stellen genau überein.

Diese Beziehung soll im Folgenden als

Zweiter Fundamentalsatz des Reziproken Raumes

bezeichnet werden. Wir ziehen hieraus den Schluß, daß der Primzahlraum und der Reziproke Zahlenraum zwar reine Umkehrungen sind, daß aber die dezimalen Ziffern, mit den wir in unserer dreidimensionalen Welt messen, nur vier Stellen nach dem Komma noch eine Bedeutung haben. Weitere Dezimalstellen sind zwar möglich, jedoch sinnlos[1].

Mechanische Unschärfe (Vierstelligkeit). Wir möchten zur Verdeutlichung ein Problem aus der Mechanik untersuchen, das bisher verschlossen war. Wir leben auf einem Planeten von einer ganz

---

[1] Wir wollen nicht verheimlichen, daß unsere Folgerung eine kühne Behauptung darstellt, dessen logischer Schluß den Leser zum Denken zwingt. Nach Fertigstellung des II. Bandes ließ sich die Thermodynamik gasgefüllter Räume mathematisch auf eine völlig neue Grundlage stellen. Die Thermodynamik galt schon zu Beginn dieses Jahrhunderts als abgeschlossen! Auf die Entropie, den Zweiten Hauptsatz und die Nichtumkehrbarkeit der Zeit werden wir in dem Buch "Das Primzahlkreuz" Band III ausführlich eingehen.

bestimmten Größe. Unsere mechanischen Meßinstrumente, beispiels-weise die analytischen Feinwaagen, bauen wir gerade so, wie unsere Körpergröße es idealerweise verlangt.

Wir beobachten jetzt einen Chemiker bei einer gravimetrischen Bestimmung. Er arbeitet mit einem kleinen Tiegel und bestimmt über eine Methode von

Brutto

Tara

Netto

das Gewicht des zu untersuchenden Stoffes. Analytische Feinwaagen arbeiten wenigstens auf drei Stellen genau nach dem Komma. Die vierte Stelle ist eine Frage der Geschicklichkeit. In der Regel inter-essieren nur die Stellen nach dem Komma, da die Stellen vor dem Komma durch die Tara des Tiegels festgelegt sind. Was müßte der Chemiker tun, um die fünfte, sechste, siebte Stelle nach dem Komma zu erfassen? Er müßte einfach 10 oder 100 oder 1000 mal kleiner sein, dann würde er mit entsprechend kleineren Waagen arbeiten und mit kleineren Gewichten. Doch halt! Seine Tiegel wären dann eben-falls kleiner, so daß die Tara im gleichen Verhältnis abnimmt. Die Konsequenz lautet: Wir sind in eine mechanische Welt eingebunden, die nur bis etwa vier Stellen nach dem Komma noch sinnvolle Ergeb-nisse bringt. Durch Entwicklung elektronischer Meßverfahren, die auf mechanische Wägungen völlig verzichten, sind wir gerade dabei, in Meßbereiche vorzustoßen, die zwar Bewunderung hervorrufen, gleich-wohl völlig sinnlos sind. Wir sind uns normalerweise der Merkwürdig-keit dieser Einschränkung gar nicht bewußt. Wenn ein Hundertme-terläufer die Strecke in 10,15 Sekunden zurücklegt, wäre es sinnlos, die tausendstel Sekunden noch zu messen. Diese und viele andere Beispiele belegen, daß der Zweite Fundamentalsatz des Reziproken Raumes in kühner Weise einen allgemeinen Sachverhalt ausspricht, auf dessen mathematisch strenge Begründung niemand vorbereitet ist.

Diese Unschärfe — die nicht zu verwechseln ist mit der viel mißbrauchten sogenannten Unschärferelation —, scheint die vernünf-tigste Lösung zu bieten, wie die biologische Natur bei der Hervorbrin-gung der individuellen Lebewesen einer geometrischen Einförmigkeit entgeht, so daß nicht etwa jeder Baum einer Gattung gleich aus-sieht. Mit dieser Unschärfe (als Spielraum der Nichtdeterminiertheit, zumindest für unsere Erkenntnis) ist somit dem sogenannten Zufall ein begrenztes Recht eingeräumt. Wir werden im folgenden bei der

Besprechung der absoluten Temperatur noch einmal auf das Thema dieser Unschärfe zurückkommen.

Das Fundament der neuen Mathematik. Wir fassen nun die vier Fundamentalsätze der vierdimensionalen Mathematik in systematischer Reihenfolge zusammen.

I.

1. Der erste Fundamentalsatz des Reziproken Zahlenraumes basiert auf der fortlaufenden Potenzierung der Zahl 19.

2. Der zweite Fundamentalsatz des Primzahlraumes basiert auf der fortgesetzten Integration von x hoch +1 bzw. der fortgesetzten Differentiation von x hoch −1.

II.

3. Der erste Fundamentalsatz des Primzahlraumes liefert die Quadropol-Geometrie der Zahl 1^2.

4. Der zweite Fundamentalsatz des Reziproken Zahlenraumes begründet (durch Umkehrung von 3.) die Vierstelligkeit der mechanischen Welt.

Dabei wird sichtbar, daß es sich um je zwei Zwillingssätze handelt, die zueinander (1 zu 2 und 3 zu 4) in einem Umkehrverhältnis stehen. Die vier Sätze fassen das Wesen der unendlichen Zahlen (größer oder kleiner als 1) zusammen und ihre Struktur: das Kreuz.

Kapitel 10

Naturwissenschaften

Vierfache Mathematik. Nun läßt sich eine Antwort auf die in Kapitel 8 gestellte Frage geben: Was ist Mathematik?

Die Zahlen stellen, als eine der drei Erscheinungsformen der Unendlichkeit, den Geist (Logos) der materiellen Welt dar. Sie werden durch die Struktur der Zahl 1 und ihrer Spiegelbilder zur Kreisform geometrisiert.

Strenggenommen müssen wir innerhalb dieser dem Verstand vorgegebenen Mathematik eine Unterscheidung von ontologischer Bedeutung treffen: Selbst abgesehen von der Verwirklichung der Zahlen in der Natur, existieren sie an sich, als reiner Logos (1), worin die Rechtfertigung des oft abwertend verstandenen Ideenplatonismus liegt. Diese vorgegebene Mathematik verwirklicht sich zunächst in Gestalt der Natur (2). Das Wissen darum ist unserer Zeit verlorengegangen. Als wissenschaftliche Disziplin stellt reine Mathematik die Erkenntnis dieses Logos durch den Menschen dar, wobei der Mensch bis heute nicht weiß, woher er diese Erkenntnis hat (3). Die Erforschung der in der Natur liegenden Mathematik geschieht in den Naturwissenschaften (4). Daraus wird aber im zeitgenössischen Bewußtsein nicht geschlossen, daß die Natur gerade in der Mathematik angelegt ist, die wir zu ihrer richtigen Beschreibung verwenden. Zusammenfassend unterscheiden wir:

1. Mathematik als reiner Logos
2. Mathematik als Naturverwirklichung
3. Mathematik als menschliche Disziplin
4. Mathematik als Naturwissenschaft

Folgen für die Philosophie. Die Auswirkungen, die die neuentwickelte Mathematik auf ein zukünftiges Bild der Naturwissenschaften sowie auf Philosophie und Theologie haben wird, lassen sich hier im ganzen Ausmaß nicht einmal andeuten.

Die letzten hundert Jahre Philosophie haben die nach Erkenntnis suchende Menschheit mit Modeerscheinungen abgespeist, die mit "Liebe zur Weisheit" kaum etwas zu tun hatten. Positivismus, sogenannte Sprachanalyse, Historismus, Existentialismus, sprachlich aufgebauschte Pseudo-Ontologie und Dialektischer Materialismus haben zwar die akademische Sammlertätigkeit angeregt, doch nicht die großen Aufgaben philosophischen Strukturdenkens weitergeführt, die zur Zeit des deutschen Idealismus bereits klar gestellt waren. Sollte es zu der von uns erwarteten neuen Zusammenarbeit zwischen Naturwissenschaften und philosophischer Grundlegung der Geisteswissenschaften kommen, wird die nachwachsende Generation hier endlich wieder lohnende Aufgaben finden.

Es soll abschließend der Versuch unternommen werden, noch drei gravierende und exemplarische Probleme der Naturwissenschaften zu untersuchen: aus der theoretischen Physik, der physikalischen Chemie und der Biologie.

1. Relativität und Gravitation

Relativität ist Mechanik des Primzahlraumes. Die Relativitätstheorie wirkt wie ein Fremdkörper in der mechanistischen Physik. Kein Körper, sei es eine Rakete oder ein einzelnes Atom, läßt sich auf Lichtgeschwindigkeit beschleunigen. Jede elektromagnetische Welle kann sich dagegen nur mit Lichtgeschwindigkeit fortpflanzen. Diese Rätselhaftigkeit löst sich natürlich dann wie Nebel auf, wenn die Lichtgeschwindigkeit als eine rein mathematisch begründete Ausbreitungskonstante im Primzahlraum erkannt wird. Hingegen ist die Eigenbewegung eines Atoms ein physikalischer Vorgang, der in einem Reziproken Zahlenraum abläuft. Sollte ein solches Atom sich entschließen, ein elektromagnetisches Strahlungsquant abzugeben — beispielsweise aus der Elektronenhülle ein Lichtquant oder aus dem Kern ein γ-Quantum —, wird der Entstehungsort der Energieabgabe für einen Moment Mittelpunkt eines Primzahlraumes. Die ablösende Welle bewegt sich mit Lichtgeschwindigkeit fort. Die Eigengeschwindigkeit des Atomkerns spielt für die abgelöste Welle keine Rolle. Dasselbe verlangte Einstein 1905 in seiner Relativitätstheorie.

Gravitation und Lichtgeschwindigkeit. Einstein war davon überzeugt, daß auch die Kräfte, mit denen sich makrophysikalische Massen anziehen, mit Lichtgeschwindigkeit im Raum wirken. Es besteht nur keine Möglichkeit, diese Behauptung zu überprüfen. Denn man kann Gravitation nicht an- und ausschalten oder abschirmen wie ein elektromagnetisches Feld. Einstein vermutete: Würde die Sonne für einen Moment ihre Gravitationskraft unterbrechen, würde uns der Gravitationsschock nach etwa 8 Minuten treffen. Denn dieser Wert errechnet sich aus der Lichtgeschwindigkeit.

Für die Kraft, mit der sich zwei Massen nur durch ihre mathematischen Räume reziprok quadratisch anziehen, gilt nach Newton:

$$K = \gamma \cdot \frac{m_1 \cdot m_2}{r^2}$$

Hierbei hat die Gravitationskonstante γ den Wert

$$\mathbf{0,6673} \cdot 10^{-10} \; Nm^2 kg^{-2}$$

Man kann sie nicht durch astronomische Beobachtungen berechnen. Sie läßt sich nur durch ein Experiment bestimmen, das erst lange Zeit nach Newtons Tod technisch realisierbar war. Die absolute Größe der Gravitationskonstanten gilt als völlig rätselhaft, wie wir auch über die Ursache der Gravitation nichts wissen. Isaac Newton schreibt im Scholium Generale[1]:

> Eine theoretische Erklärung für diese Eigenschaft der Schwere habe ich aus den Naturerscheinungen noch nicht ableiten können, und bloße Hypothesen denke ich mir nicht aus (*hypotheses non fingo*).

Wir möchten ihm dreihundert Jahre später beipflichten und es dabei belassen, die mathematischen Gründe für den Wert der Gravitationskonstanten aus der Struktur des Raumes abzuleiten.

Ableitung der Gravitationskonstanten. Wir folgen der Idee von Einstein, daß die Wirkung der Gravitation an die Lichtgeschwindigkeit gekoppelt ist. Wir wählen zwei Massen, die sich mit ihren gravitativen Kräften gegenseitig anziehen sollen. Dabei überlappen sich die Quadranten ihrer Reziproken Räume gegenseitig. Beide Massenpunkte besitzen einen eigenen Primzahlraum. Diese beiden Primzahlräume überlappen sich ebenfalls. Die Massen haben einen gemeinsamen Mittelpunkt. In bezug auf diesen ist die Ausbreitungsgeschwindigkeit halbiert zu denken. Da jede der beiden Massen einen Raum um sich besitzt, in dem sich Licht und Gravitation nach dem quadratischen Faktor 3 ausbreitet, kann sich für einen Beobachter zwischen den beiden Massen die Lichtgeschwindigkeit nicht verdoppeln. Dieser halbzahlige Wert der Lichtgeschwindigkeit

$$\frac{1}{2} \cdot \mathbf{c}$$

---

[1] Isaac Newton: Mathematische Grundlagen der Naturphilosophie, 1988, S. 230.

müßte als Gravitationskonstante in Newtons Gleichung auftreten, und zwar reziprok, da die Wirkung zweier Körper aufeinander reziprok abnimmt.

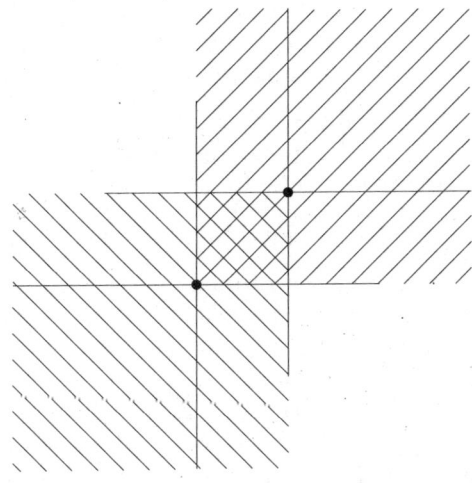

Abbildung 26

Die Rechnung liefert eine dezimale Zahl, die wir auf vier Stellen genau mit der Gravitationskonstanten vergleichen:

$$\frac{1}{0,5 \cdot 2,997} = 0,6673\ldots$$

Die Gleichheit ist deswegen bemerkenswert, weil sich die Gravitationskonstante überhaupt nur auf vier Stellen genau messen läßt. Daß wir für die Lichtgeschwindigkeit nicht den theoretisch gewonnenen Wert 3 gewählt haben, sondern den Wert 2,997, ergibt sich daraus, daß die Lichtgeschwindigkeit hier auch als empirisch gemessene Größe in Betracht kommt.

Kräfte als Raumproblem. Das gewonnene Ergebnis zeigt, daß die Postulierung von "Gravitonen" zur Deutung der Wechselwirkung zwischen gravitativen Massen einen Trugschluß darstellt. Aus analogen Gründen möchten wir auch die allgemein "gültige" Existenz von "Photonen" als Wechselwirkungsteilchen zwischen Elektronen in Frage stellen. Wenn für die Gravitationskraft und die elektromagnetische Kraft keine Austauschteilchen mehr nötig sind, da sich unsere Anschauung vom Raum erheblich erweitert hat, sollte auch für die dritte Kraft, die starken Kernkräfte, der Gedanke einer realen Existenz von wechselwirkenden Teilchen fallengelassen werden. So gesehen, ist die heutige Teilchen-Physik weitgehend eine Modeerscheinung. Die drei Kräfte, die uns in der physikalischen Welt begegnen,

Gravitation
Elektromagnetismus
Kernkraft

sollten ihre endgültige Deutung durch die vierdimensionale Mathematik und die neue Auffassung vom Raum finden. Denn alle drei Kräfte sind auf verschiedene Weise Raumprobleme.

2. Die absolute Temperatur

Schmelzendes Eis als Fixpunkt. Wenden wir uns dem Wesen der Temperatur zu. Indem die Erfinder der Thermometer eine gefüllte Quecksilberkugel mit einer Kapillare versahen und für die Einteilung der Skala definierte Punkte — schmelzendes Eis und siedendes Wasser — benutzten, mußten sich für kältere Temperaturen als den Eisschmelzpunkt negative Zahlen ergeben. Das klingt wie Zufall. Es gab keinen anderen Stoff als schmelzendes Eis, den man zur Festlegung des unteren Fixpunktes hätte verwenden können. Als erst Thermometer da waren, zeigte sich bald, daß man mit Mischungen aus bestimmten Salzen und Eis weitere Fixpunkte erhält. Mit der Gasverflüssigung begann die Suche nach immer tieferen Temperaturen, bis endlich der absolute Nullpunkt erreicht war. Daß der Zahlenwert der absoluten Temperatur identisch ist mit der Gay-Lussac-Konstanten, sah man bloß als Bestätigung und nicht zugleich als Anlaß, sich darüber weitere Gedanken zu machen. Erst recht wurde das negative Vorzeichen für bedeutungslos gehalten. Man hatte ja schmelzendes Eis benutzt. Alle Temperaturen, die kälter sind, müssen halt negativ sein.

Temperatur läßt sich nur über irgendeinen Stoff messen. Wir wollen diesen Stoff mit der Zahl "Eins" benennen und seine drei Aggregatzustände durch die Fixpunkte 0 und 1 kennzeichnen. Da jeder Stoff aus Atomen oder Molekülen besteht, werden sich diese mehr oder weniger ungeordnet, je nach Temperatur, im Raum befinden.

Der Raum um die nullte Schale. Sowohl der Primzahlraum als auch der Reziproke Zahlenraum bestehen immer aus einem Raum unterhalb der ersten Schale und einem darüber. Die mathematische Ausdehnung des Primzahlraumes lautet

$$3 \cdot 1^2 \cdot 10^2 \cdot 100^2 \cdot \ldots$$

und der lineare Ausbreitungsfaktor beträgt

$$-1,732\ldots$$

Er soll jetzt mit der Konstanten verknüpft werden, die den Raum unterhalb der ersten Schale mathematisch beschreibt, nämlich mit der Zahl -1:

$$(-1,732\ldots) + (-1) = -2,732\ldots$$

Beim Vergleich dieser Konstanten mit jener Dezimalzahl, die wir aus der Geometrie eines sich drehenden Kernteilchens hergeleitet hatten,

$$0,2732\ldots$$

zeigen sich als Verschiedenheiten: das Minuszeichen und der Faktor 10, um den sie differieren. Im übrigen stimmen beide Konstanten auf vier Stellen genau überein. Wir sehen darin eine weitere Bestätigung des Zweiten Fundamentalsatzes des Reziproken Zahlenraumes. Dem Raum kommt nämlich, wie wir aus der Verknüpfung von Unterschale und dem umgebenden Raum abgeleitet haben, eine zahlentheoretische Konstante von $-2,732$ zu. Gleichzeitig besitzt der Primzahlraum eine geometrische Konstante von der Größe $0,2732$. Die Verknüpfung von Arithmetik und Geometrie ist hier wiederum nur vierstellig.

cgs-System und ein Stoff Eins. Wir hatten einen Stoff mit dem Namen "Eins" gewählt und wollen nun die Fixpunkte 0 und 1 dezimal vergrößern auf 0 bis 100. Hierdurch vergrößert sich die Raumkonstante des Primzahlraumes auf

$$-273,2\ldots$$

Aus diesen Überlegungen läßt sich ableiten, daß das Wesen der Temperatur ein reines Raumproblem ist, allerdings nur unter einer Voraussetzung: daß es diesen Stoff mit dem Namen "Eins" auch gibt und daß er das Wasser ist, also der Wasserstoff, das Element 1, in Verbindung mit dem Sauerstoff. Der Wasserstoff verhilft dem Sauerstoff zu jener Achterschale, deren geometrische Struktur selber das Wesen des Primzahlraumes ist. Die Wasserstoffatome sind bloße Protonen, also Kernbausteine. Sie besitzen jene unglaubliche Fähigkeit, sich von der Achterschale abzulösen. Wir behaupten, daß Wasser damit nicht einfach ein chemisches Lösungsmittel ist, sondern daß es den einen Stoff darstellt, den die Mathematik außer den Zahlen zur Selbstverwirklichung in der Natur braucht.

3. Struktur des Lebens

Die Dreiheit der Naturwissenschaften. Wenn ich die Chemie als die Wissenschaft bezeichnet habe, in der über alle Maßen gelogen worden ist, wenn in der Physik in nicht mehr übersteigbarem Ausmaße geprahlt worden ist ("Wir wissen schon alles"), dann läßt sich von der Biologie, einschließlich Medizin, getrost behaupten, daß man sich in keiner Disziplin je närrischer benommen hat. Denn nirgendwo in Vergangenheit und Gegenwart ist so furchtbar viel Unsinn behauptet worden — und so schnell wieder vergessen worden — wie in der Biologie.

Chemie, Physik, Biologie bilden eine notwendige Dreiheit, und so ist es denn vollkommen falsch, wenn der Mitentdecker der Doppelhelixstruktur und Nobelpreisträger F. Crick 1966 schreibt[1]: "Das letzte Ziel der modernen Richtung in der Biologie ist es, alle biologischen Vorgänge in Begriffen der Physik und Chemie zu erklären...". Mit dieser Behauptung beweist der Autor Crick nur eines, nämlich, daß er von Chemie nicht viel Ahnung hat. Das Geheimnis des Lebens läßt sich mit Chemie nur beschreiben, jedoch niemals erklären[2].

Die Zelle, Grundeinheit des Lebens. Um herauszufinden, was sich wirklich hinter der Existenz des Lebens verbirgt, will ich die unerhörte Fülle biochemischer, physikalisch-chemischer Stoffwechselvorgänge und alle Probleme der Genetik auf drei Grundprobleme zurückführen. Die DNA und die Aminosäuren habe ich schon mit der Zahl 81 und ihrem Restwert 19 gedeutet. Noch nicht berücksichtigt wurde die Frage, warum Leben notwendigerweise an die Zellform geknüpft ist. Als im vorigen Jahrhundert die ungeheure Differenziertheit der tierischen und menschlichen Zelle erkannt wurde, ist unter dem Eindruck dieser erstaunlichen Vielfalt das Bewußtsein für das

---

[1] Zitiert nach: Jahn, Ilse et al.(Hrsg): Geschichte der Biologie, Jena 1982, S. 600.

[2] Zu einer ähnlichen Auffassung kommt auch der Chemiker Erwin Chargaff in seiner Biographie: *Das Feuer des Heraklit.* Dieser große Chemiker urteilt vernichtend über die moderne Naturwissenschaft. Mich hat betroffen gemacht, von welch seelischer Verwandtschaft sein Satz zeugt: "Wenn es keine Nobelpreise gäbe, gäbe es wohl auch keine künstlichen Kernteilchen."

Grundfaktum der zellulären Struktur des Lebens eingeschlafen. Die Dreifachheit[1] von

DNA
Aminosäuren
Zelle

kann nur einen mathematischen Grund besitzen.

Warum Leben immer aus Zellen besteht und mit einer Zelle beginnt, die den ganzen Bauplan enthält, wissen wir bisher nicht. Noch vor zweihundert Jahren wurde von den Kathedern herunter verkündet, daß ein ganzes, fertiges, winziges Menschlein von Anfang an in der Mutter heranreife und nicht etwa eine Zelle, die erst später durch eine Fülle von Differenzierungen Bau und Anlage des fertigen Lebewesens erkennen läßt. Die moderne Biologie steht der Frage nach den Gründen für die Entstehung der Geschlechtlichkeit vollkommen hilflos gegenüber. Man kann sich lediglich nach den heutigen Kenntnissen der Genetik nichts Geistvolleres vorstellen. Da dieses Höchstmaß an Komplexität — die Bildung haploider Geschlechtszellen, ihre Vereinigung zur befruchteten Eizelle und ihre anschließende Zellteilung — nicht auf ein zufälliges Spiel in den Anfängen des Lebens vor Milliarden Jahren zurückgeführt werden kann, kommt nur eine mathematische Lösung in Frage.

Zellteilung als mathematische Folge. Betrachten wir die Folge: Geschlechtszelle, befruchtete Eizelle, erste, zweite, dritte ... Zellteilung als mathematische Folge

$$\frac{1}{2}, 1, 2, 4, 8, 16, 32, \ldots \longrightarrow$$

Nun schreiben wir den Bruch $\frac{1}{2}$ dezimal, doch diesmal von rechts nach links, und verzichten auf Kommata:

$$\longleftarrow \ldots (32)\ (16)\ 8\ 4\ 2\ 1\ 0\ 5$$

Im nächsten Schritt lassen wir auch die Klammern weg, so daß sich nun, dezimal geschrieben, die Folge so darstellt:

$$\longleftarrow \ldots 736842105$$

(Es treten dezimale Überschläge auf: Die vorderste Ziffer 7 ergibt sich, weil die 3 der 32 mit der 4 der vorausgehenden 64 addiert wurde.)

---

[1] Hinzu tritt noch ein einziger Stoff, das Wasser.

Führen wir diese Rechnung immer weiter durch, erhalten wir eine Folge, die sich mit der 19. Stelle zu wiederholen beginnt:

$$\longleftarrow \ldots 05263157894736842105$$

Nun schreiben wir diese Ziffernfolge als Kehrwert

$$\frac{1}{0,05263157894736842105\ldots} = 19$$

Es stellt sich die interessante Frage, wie es möglich ist, durch Verdoppeln oder durch ständiges Halbieren von $\frac{1}{2}$ zum Kehrwert der Zahl

19

zu gelangen. Rechnerisch läßt sich das einfach erklären. Aber der tiefe Sinn bleibt dem Zahlentheoretiker verschlossen, solange ihm das Wesen des vierdimensionalen Raumes unbekannt ist.

Zellteilung als Raumproblem. Zur Lösung des Problems zerlegen wir die Zahl 1 in eine unendliche Reihe:

$$1 = \frac{1}{2} + \frac{1}{4} + \frac{1}{8} + \frac{1}{16} + \ldots$$

Wir verwandeln nun die Brüche in Dezimalzahlen:

$$1 = 0,5 + 0,25 + 0,125 + 0,0625 + \ldots$$

Diese Reihenentwicklung läßt sich auf das fortgesetzte Teilen eines Kreises übertragen, und es gilt:

Der Kreis (Eins) ist die Summe seiner Teilungen.

Wechseln wir zum Primzahlkreuz. Um die nullte Schale herum, die von Spiegelformen der Zahl 1 bestimmt wird, befindet sich der nach allen Seiten offene Raum, der dezimal angelegt ist. Deshalb müssen die Teiler eines Kreises $\frac{1}{2}, \frac{1}{4}, \frac{1}{8}, \frac{1}{16}, \ldots$ vor dem Addieren erst fortlaufend durch **10** geteilt werden, so daß sich die Folge ergibt

$$0,05 + 0,0025 + 0,000125 + 0,00000625 + \ldots$$

Die Aufsummierung ergibt den Wert

$$0,05263157894736842105\ldots = \frac{1}{19}$$

In der vierdimensionalen Mathematik wird die Zahl 1 der Unterschale im dezimalen Raum in den Kehrwert von 19 überführt. Nun endlich erkennen wir die tiefste Gesetzmäßigkeit des

$$1 \vdash 19$$

-Gesetzes. Es stellt die Verknüpfung der Zahl 1 der unteren Schale mit dem Dezimalkreis, also der Zahl 19, dar. Dieses Gesetz regelt in Verbindung mit dem 3^4-Gesetz das Zusammenwirken der DNA und der $1 + 19$ Aminosäuren und damit die Peptidproduktion.

Damit klärt sich schließlich auch, warum ein Lebewesen nur aus zwei halben Zellen erzeugt werden kann, die zu einer Zelle verschmelzen. Diese Zelle teilt sich in zwei Zellen, sodann in vier usw. Zugleich wird etwas klar, was bisher so selbstverständlich war, aber gleichermaßen vollkommen rätselhaft: Warum besteht ein Mensch (1) je zur Hälfte aus den elterlichen Genen, und warum besitzt er 2 Eltern, 4 Großeltern, 8 Urgroßeltern usw.? Gleichzeitig besitzt dieser eine Mensch, falls er männlich ist, die halben ($\frac{1}{2}$) Chromosomensätze für männliche und weibliche Nachkommenschaft.

Zufall? Mit dieser Einsicht in die mathematischen Hintergründe des Lebens ist eine der scheußlichsten Fehlleistungen der gängigen Naturwissenschaft, der Versuch, die Entstehung des Lebens und des Menschen als "Zufall" zu erklären, entlarvt. Die vielen kausalen, scheinbar zufälligen Einzelentscheidungen, die zur Bildung von DNA-Matrizen, zur Auswahl der Aminosäuren und zu den Vorstufen der Zellstrukturen führten, verwirklichen nicht nur bloß irgendeine Teleologie, sondern die tiefe mathematische Gesetzmäßigkeit des Universums.

Schlußbetrachtung

"Wenn Leben reine Mathematik ist", werden viele erschreckt fragen, "wird das die Zunahme des Atheismus nicht weiter steigern?" Im Gegenteil, für Menschen, die an Gott glauben, ändert sich nichts, sofern dieser Gottesglaube nicht zu naiv-dualistisch ist, als sei Gott nicht zugleich als Logos der Bauplan, die Gesetzmäßigkeit der Welt selbst.

Die drei Offenbarungsreligionen — Judentum, Christentum und Islam — kommen aus einem Stamm und haben die Kultur geprägt, der ich angehöre. Sie gehören zum ersten der drei religiösen Stromsysteme[1], die den in Kapitel 6 genannten philosophischen Haupt-

---

[1] Vgl. auch Hans Küng: Weltethos, München - Zürich 1990, S. 160.

strömen (Seite 99) entsprechen: [Die Trennung von Religion und Philosophie haben wir schon als etwas spezifisch Europäisches gekennzeichnet.]

1. der Offenbarungsreligionen prophetisch-semitischen Ursprungs,
2. der mystischen Religionen vornehmlich indischer Herkunft,
3. der weisheitlich-philosophischen Religionen vornehmlich chinesischer Herkunft.

Die Offenbarungsreligionen werden am stärksten betroffen reagieren, wie sie schon zur Zeit der Aufklärung fürchteten, die Naturwissenschaften könnten das Geheimnis der Schöpfung in rein mathematisch-mechanische Gesetzmäßigkeiten auflösen. Eigentümlicherweise ist die europäische Aufklärung in Philosophie und Naturwissenschaften gerade auf dem Boden des Christentums entstanden. Wir können hier offenlassen, ob es das Christentum mit seiner Lehre von der Göttlichkeit des (einen) individuellen Menschen oder mehr mitteleuropäisches und antikes Erbe war, was diesen Durchbruch heraufgeführt hat. Sollte gerade die Dreiheit dieser Elemente für den geistigen Durchbruch in Europa maßgebend sein?

Jedenfalls gerieten die Kirchen der Neuzeit aus mangelnder Offenheit für den Logos der Natur in einen epochalen Streit mit den Naturwissenschaften. Umgekehrt vermaßen sich manche "Aufklärer", durch naturwissenschaftliche Forschung Gott aus der Natur verbannen zu können. In Wahrheit ist aber die Erweiterung unserer Kenntnis von den Gesetzmäßigkeiten der Natur eine vertiefte Erkenntnis des göttlichen Logos selbst. Für einen Gläubigen ist es die einfachste Sache von der Welt, daß Gottes Weisheit bei der Schöpfung in das All übergegangen ist. Daher ist dieser einzigartige Bauplan göttlich. Doch das Wissen um den Bauplan gleicht einem Rätsel, das immer geheimnisvoller wurde, je mehr wir geforscht haben.

So wie Mitteleuropa die ganze Welt mit seinen Ideen und Erfindungen verwandelt hat, so hat es gleichermaßen die gesamte Welt in eine tödliche Gefahr gebracht. Wo die Gefahr herkommt, da könnte auch das Rettende entstehen. Dieser rettende Impuls für die Welt könnte auch für das sich einigende Europa eine neue geistige Grundlage darstellen.

Alles Wissen um die materielle Welt beruht auf den Zahlen. Wenn wir die ersten drei Zahlen nicht verstehen, gerade weil wir uns einbilden, dieses Einfachste auf der Welt — eins, zwei, drei — hätten wir verstanden, ist uns eine Welt geschenkt, die wir uns zwar "untertan", das heißt zugänglich und verständlich machen dürfen. Doch auf die letzten Gründe hin könnten wir sie mit eigenen Kräften allein erforschen, solange wir wollten: Wir würden scheitern. Deshalb habe ich das Moment der Führung und Fügung im "Labyrinth des Endlichen" nicht verhehlen können. Aus menschlicher Kraft allein ließ sich die Welt nie oder (nach einmal eingetretener Verdunkelung der Erkenntnis) nicht mehr enträtseln.

1. Die Zahlen Eins, Zwei, Drei stellen eine Ordnung dar. Von ihnen leiten sich drei Sorten Zahlen ab. Das ist das erste Rätsel.

2. Die Zahlen Zwei und Drei versperren den Blick für die Ordnung der Primzahlzwillinge, die den Schlüssel zum göttlichen Bauplan darstellen. Das ist das zweite Rätsel.

3. Die Unendlichkeit kann nur um einen Punkt herum existieren. Sie ist dreifacher Art und von vierdimensionaler Geometrie. Das ist das dritte Rätsel. — Dieses Rätsel um die Unendlichkeit bleibt ein ewig unauslotbares Geheimnis, selbst wenn wir es entschlüsselt haben.

Die dritte Fassung des Vierten Buches (Band II) ist jetzt, zehn Jahre nach der Entdeckung des Primzahlzwilling-Codes, zu Ende geschrieben.

Ich trete in Gedanken noch einmal vor den Raumspiegel und blicke in mein eigenes Gesicht. Es hat sich erfüllt, was ich als junger Mensch ausgesprochen habe: Wenn je ein Mensch hinter das Rätsel des materiellen Universums gelangen wird, dann muß er Chemiker sein.